엄마는 답답해

그림으로 배우는 내 아이의 진짜 속마음

엄마는 답답해

신원철, 이종희 지음

애플북스

공감과 훈육 사이

아이를 양육할 때 가장 중요한 두 가지를 꼽으라고 하면, 저는 '공감'과 '훈육'을 이야기합니다. 두 가지 모두 익숙한 개념들이지만 공감과 훈육 사이에서 균형 잡는 일은 결코 쉽지 않습니다. 어떤 부모들은 '아이가 속상하지 않게 해줘야지.' 하는 생각에, 아이의 마음을 공감하고 수용해주는 것에만 치중하여 단호하게 훈육하지 못하고, 또 어떤 부모들은 '아이를 바르게 키워야지.' 하는 생각에, 옳고 그름을 강조하느라 아이의 마음을 제대로 헤아리고 보듬어주지 못합니다. 공감에만 치우치면, 당장 눈앞의 갈등은 피할 수 있을지 몰라도, 아이가 모든 것을 자기 마음대로 하면서 안하무인이 될 수 있고, 또 훈육에만 치우치면, 자신의 욕구와 감정을 억제하면서 자라게 되어, 다른 사람과 감정을 나눌 줄 모르는 사람이 될 수 있습니다.

진료실에서 만나는 부모님들께 이런저런 조언을 드리다 보면, 핵심은 '공감과 훈육 사이에서 어떻게 균형을 잡을 것인가.'로 모아집니다.

공감 부족으로 문제가 생길 때는 '아이 마음을 파악하고 보듬어주기'를 강조하게 되고, 훈육 부족으로 문제가 생길 때는 '규칙 가르치기'를 강조하게 되지요. 이 책도 마찬가지입니다. '아이의 상태를 어떻게 이해하고 받아들여야 하는지, 아이의 마음을 어떤 식으로 공감해줄 수 있는지'를 설명하는 부분이 있는가 하면, 꽤 엄격하게 '아이의 요구를 받아줘선 안 된다.'고 강조하는 부분이 있습니다. 어떻게 보면 상반된 이야기를 하고 있는 것 같지만, 결국은 '어느 한쪽으로 치우치지 말아야 한다.'는 이야기로 귀결됩니다.

아이들이 다 그런 거 아닌가요?

막무가내로 떼쓰거나 밥을 안 먹으려고 하는 등 부모가 아이에 대해서 고민하는 문제들은, 대개 다른 아이들에게도 있을 수 있는 문제들입니다. 이러한 행동들이 가끔 나타나는 정도라면 크게 걱정하지 않아도 되고, 굳이 이 책에 나오는 방법들을 사용할 필요도 없지요. 하지만 이러한 행동이 자주 나타나고 고민될 정도라면, 지금까지와는 다른 양육 방식을 찾아야 합니다. 아이의 문제가 고민되면서도 '다른 아이들한테도 일어나는 일상적인 일이니까.', '시간이 흐르면 나아지겠지.' 하고 넘어갔다가 문제가 점점 더 커져서 힘들어하는 부모님들을 종종 보게 됩니다.

아이들한테 흔히 있는 문제라고 해서 모든 문제가 '아이들이 다 그렇지.'라며 그냥 넘길 수 있는 건 아닙니다. 아이들이니까 속상해서 울 수도 있고, 남에게 양보를 안 할 수도 있고, 서로 싸우고 때릴 수도 있습니다. 그리고 부모들은 아이의 행동에 대해 '그럴 수 있지.'라고 이해해줄 수 있습니다. 그러나 이해해준다고 해서 '어떠한 위로도, 이야기도, 개입도 안 해도 된다.'는 것은 아니지요. '아이들이기 때문에' 부모가 매 순간 가르쳐야 할 부분이 있고, 반드시 위로하고 돌봐줘야 할 부분이 있습니다. 이 책을 쓰면서, 자녀를 키우는 부모라면 잊지 말아야 할, 염두에 두어야 할 사항들이 있다는 것을 강조하고 싶었습니다.

육아 현장에 필요한 지침서

진료받으러 오시는 부모님들 중에는 지금까지 여러 양육 관련 서적들을 읽어봤다는 분들이 많습니다. 그런데 그분들 말씀을 들어 보면, "맞는 말이긴 한데, 그래서 구체적으로 어떻게 해야 한다는 건지 모르겠어요."라는 반응이 대부분입니다. 읽을 때는 잘 이해했는데, 막상 내 아이에게 적용하려니 너무 막연하다는 것이죠. 대부분의 양육서들은 주로 육아에 관한 일반적인 원칙들을 다루면서 이론을 통해 실제로 나아가게끔 독자들을 이끕니다. 그러나 육아 경험이 부족한 부모들이 이론과 실제를 한꺼번에 소화해내기란 정말 어려운 일이지요.

그래서 이 책에서는, 기존 양육서들의 '이론→실제'라는 접근 방식과는 반대로 '실제→이론'이라는 방법을 사용해봤습니다. 전문가가 직접 육아 현장에서 부모에게 그때그때 필요한 해결책을 옆에서 코치해 주는 것처럼, 문제 상황마다 부모가 대처할 수 있는 상세하고 구체적인 지침들을 소개합니다. 아이와 부딪치는 일상의 수많은 갈등 상황에서 전문적인 지침들을 반복적으로 실제에 적용하다 보면, 각 지침들에서 공통적으로 강조하고 있는 원칙이 무엇인지 그 맥락을 파악하실 수 있으리라 믿습니다.

책을 쓰는 것을 옆에서 보고 있던 아들과 딸아이가, 자기들도 이 책에 꽤 많은 공헌을 했다고 으쓱댑니다. '아빠가 우리를 키우면서 생긴 노하우도 포함된 거 아니냐?'라는 거죠. 그러고 보면, 정신건강의학과와 소아정신건강의학과 전문의 수련 과정을 거쳐, 지금처럼 진료와 상담을 하고 이 책을 쓰게 되기까지 정말 많은 분들의 도움이 있었습니다. 훌륭하신 교수님들과 선배님들께도 지도받았고, 많은 아이들과 부모님들이 함께한 진료 경험들을 통해서도 많이 배웠습니다.

하지만 아이들 말대로, 내 아이를 키우는 과정이 없었다면 그 이해의 깊이가 지금과는 달랐을 거라는 생각을 합니다. 아이가 태어나고 자라면서 부모로서의 경험을 더해 갈수록, 상담받으러 오는 아이들과 부모님들에 대한 이해와 공감이 더 깊어지는 것을 느낍니다. 결혼해서 아이를 낳고 키워봐야 진짜 어른이 된다는 말이 마음에 와 닿습니다. 이렇게 나를 성장시키는 데 도움을 주고 있는 아들과 딸, 그리고 아이들과 함께 많은 시간을 보내지 못하는 남편을 위해 육아 경험과 고민을 함께 나눠준 아내에게도 고마운 마음 전합니다. 균형 잡힌 공감과 훈육으로 키워주신 부모님께도 감사합니다.

이 책을 읽는 부모님들이 아이와 행복한 시간을 보내고, 또 함께 성장하는 기쁨을 누리실 수 있기를 진심으로 바랍니다.

신원철

엄마들의 목소리를 담아서

아이가 태어났을 땐 너무 귀엽고 사랑스러워서 곁에 있기만 해도 마냥 행복할 것만 같았는데, 걷고 말하기 시작하면서부터는 온동네 떠나갈 듯 울면서 떼쓰고, 엉뚱한 고집을 부리면서 엄마 혼을 쏙 빼놓곤 했던 기억이 납니다. 아이가 어쩜 그렇게 미운 세 살, 미운 네 살이라는 말이 딱 어울리는 짓만 골라서 하던지요. 아이가 짜증 내고 울면 같이 화를 내고 다그치다가 지쳐버리게 되니, 하루하루가 그야말로 전쟁이었습니다. 아이에게 상처 주지 않고 엄마 노릇 잘하고 싶은데, 순간적으로 치밀어 오르는 화를 억누르기가 참 쉽지 않았던 것 같습니다. 아동학을 공부했고, 아이를 낳으면서 육아에 관련된 책들도 두루 읽었기 때문에, 나름 아이들에 대한 이해가 어느 정도 있는 엄마라고 생각했는데, 막상 내 아이를 키우면서는 부모로서의 자신감을 잃을 때가 많았고, 아이에게 했던 말과 행동 때문에 후회한 적도 많았습니다.

이 책은 지난 몇 년간 부모로서 경험하고 느꼈던 것들을 밑거름 삼아, 3~6살 아이를 키우는 부모들이 자신감을 가지고 최선의 육아를 실천할 수 있길 바라는 마음으로 기획하였습니다. 그동안 아이를 키우면서 제 자신을 비롯한 주변의 많은 엄마들이 육아 문제로 힘들어했던 모습들을 되돌아보면서, 우리 부모들에게 가장 필요하고 도움이 되는 육아서는 어떤 모습이어야 할까 고민해봤습니다. 제 경험이나 주변의 엄마들을 보았을 때, 아이들에 대한 이해나 이론만으로는 육아에 대한 답답함을 풀기 어렵다는 것을 깨달았기에, 뭔가 더 현실적이고 실질적인 도움을 주는 육아 지침이 필요할 것 같았죠. 그래서 부모들이 구체적으로 어떤 상황에서 힘들어하고 어떤 도움이 필요한지 엄마들의 의견을 수렴하여, 육아 현장의 목소리를 최대한 많이 반영한 육아서를 만들어야겠다고 생각하게 되었습니다.

《엄마는 답답해》는 일상에서 흔히 일어나는 수많은 육아 문제들을 그림으로 풀어냄으로써 독자들이 다양한 문제 상황들을 간접적으로 경험하고, 부모로서의 자신의 모습을 객관화해서 볼 수 있게 합니다. 문제 상황에서 아이에게 어떤 표정을 짓고, 어떤 말과 행동을 하는지 마치 거울을 보는 것처럼 부모 자신의 모습을 비춰볼 수 있습니다.

그리고 각 문제 상황마다 전문가가 개입하여, 부모가 무심코 했던 말과 행동이 아이에게 어떤 영향을 미칠 수 있는지, 아이가 어떤 심리에서 갈등을 일으키는지 문제의 원인을 진단해줍니다. 그런 다음 전문가가 제시한 해결 방안을 하나하나 그림으로 보여줌으로써 부모들이 상황에 맞는 구체적인 육아 지침을 실제 육아에 좀 더 쉽게 적용할 수 있도록 하였습니다.

우리 부모들에게는 전문적이면서도 실용적인, 부모라면 누구나 충분히 공감할 수 있는, 이해하기 쉬운 육아 지침서가 필요합니다. 그래야 정신없이 바쁘게 돌아가는 일상에서 그때그때 필요한 적절한 지침을 실천에 옮길 수 있겠지요.

이 책은 그런 조건들을 고루 갖추기 위해 기존 육아서에서 볼 수 없었던 새로운 시도를 하였습니다. 즉 소아정신건강의학과 의사와 그림 작가, 육아 경험자인 엄마가 힘을 모아, 3~6세 육아 솔루션을 그림으로 하나하나 풀어본 것이죠. 평소 궁금하고 답답했던 육아 고민을 시원하게 풀고, 필요할 때마다 곁에 두고 펼쳐보는 그림 육아 사전이라고 할 수 있습니다. 이 책을 적극 활용하신다면, 지금보다 더 많이 아이와 함께 웃고, 따뜻한 교감을 나누실 수 있으리라 믿습니다. 부모님들, 화이팅!

이종희

차례

놀아줘

엄마 가슴 만지기

안 걸을 거야

장난감 사줘

가지 마 (분리불안)

어린이집 안 가 (36개월 이전)

유치원 안 가 (36개월 이후)

Part 02

밥 먹이기 힘든 아이

안 먹어

밥 물고 오래 먹기

이거 안 먹어 (편식)

끊임없이 먹기 (식탐)

돌아다니며 밥 먹기

Part 03

씻기·옷 입기 싫어하는 아이

Part 04

잠자기·대소변 가리기 어려운 아이

Part 01

떼쓰고 매달리는 아이

아이가 정말 원하는 것은 안아주는 행동
그 자체가 아니라 '부모로부터 사랑받는 느낌'
이라는 것을 잊지 마셔야 합니다.

먹여줘 & 입혀줘

아이가 혼자서 먹을 수 있고, 옷도 스스로 입을 수 있으면서 "엄마가 해줘." 하며 성가시게 굴 때는 아기처럼 보살핌받고 싶어서 그러는 거라고 생각하시면 됩니다. 엄마에게 기대고 싶은 아이의 마음을 이해하고, 아기처럼 굴고 싶은 욕구를 충족시켜 주는 것이 최우선입니다.

이때, 성가시게 구는 아이가 귀찮고 힘들더라도 '아기 짓' 하는 아이에게 짜증 내지 않도록 주의하셔야 합니다. 짜증 내면서 먹이고 입힐 거라면 차라리 안 해주시는 게 낫습니다. 왜냐하면, 엄마 입장에선 아이가 원하는 걸 해줬다고 생각하겠지만, 아이는 자신이 원하는 걸 얻었다고 생각하지 않을 테니까요. 아이가 원하는 건, 단순히 '떠먹이고 입혀주는 엄마의 행동' 그 자체가 아니라, 자신을 '아기처럼 보살펴주는 엄마의 따뜻함'입니다.

01 : 매번 습관적으로 먹여달라고 떼쓸 때

짜증 내면서 먹여주는 엄마

이러면 안 돼요_ 아이가 떼를 써서 할 수 없이 먹여주더라도 엄마가 짜증스러운 태도를 보여서는 안 됩니다. 왜냐하면 이러한 태도는 아이에게 '엄마는 널 돌봐주기 싫어.'라는 느낌을 주기 때문이죠. 아기처럼 관심과 보살핌을 받고 싶어 하는 아이를 신경질적으로 대하면, 아이는 좌절된 욕구 때문에 더 심하게 떼쓸 수 있습니다.

떼쓰는 아이를 대하는 엄마의 태도

아이는 엄마가 아기 때처럼 자기를 계속 사랑하는지 끊임없이 확인하고 싶어 합니다. 그러므로 아이의 '보살핌받고 싶은 욕구'가 충족될 수 있게 하는 것이 무엇보다 중요합니다.

아래의 네 가지 엄마 태도 중에서는 ①과 ②가 바람직합니다. 아이가 평소에는 혼자서 밥을 먹을 줄 알고 엄마가 마음이 여유로운 상황이라면 ①처럼 해도 되지요. 그러나 엄마가 바쁠 때는 ②처럼 하시는 게 좋

1 아이에게 밥을 먹이며 "엄마가 먹여주는 게 좋구나." 하고 활짝 웃으며 아이를 대하는 엄마

⋯▸ 아이가 평소에는 혼자 밥을 잘 먹고, 엄마에게 시간과 마음의 여유가 있다면 특별히 훈련이 필요한 상황은 아니니 아기처럼 어리광을 부려도 받아준다.

먹여준다

아이 마음 알아준다

2 아이가 떼를 써도 (부드럽지만 단호하게) 스스로 먹게 하고, 식사 후에는 "엄마가 먹여줬으면 했는데, 안 먹여줘서 많이 서운했구나." 하고 위로하는 엄마

⋯▸ 엄마가 먹여주는 것에 습관이 들어 혼자서는 밥을 전혀 안 먹으려 한다면 훈련이 필요한 상황이니, 스스로 먹게 하되 서운한 마음은 알아준다. 바쁜 아침이나 엄마가 동생을 돌보느라 큰아이를 직접 도울 수 없는 경우에도 그렇게 한다.

안 먹여준다

아이 마음 알아준다

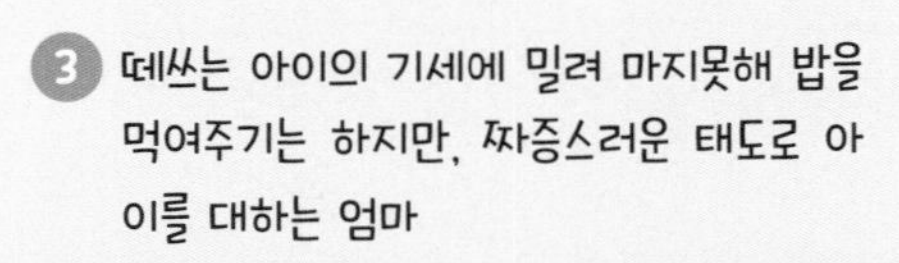

③ 떼쓰는 아이의 기세에 밀려 마지못해 밥을 먹여주기는 하지만, 짜증스러운 태도로 아이를 대하는 엄마

⋯→ 엄마가 자기를 사랑하지 않는 것 같은 느낌에 불안감이 커져서, 엄마의 사랑을 확인하기 위해 떼쓰고 매달리는 행동이 더 심해질 수 있다.

- 먹여준다
- 아이 마음 안 알아준다

④ 아이가 떼를 써도 끝까지 혼자 먹게 하고, 어리광 부리고 싶은 마음을 알아주지 않고 질책만 하는 엄마

⋯→ 떼쓰는 행동은 차차 줄어들겠지만, 엄마가 자기 마음을 알아주지 않을 거라는 생각에 아이가 마음의 문을 닫게 된다.

- 안 먹여준다
- 아이 마음 안 알아준다

습니다. 그때그때 상황에 맞게 아이가 밥을 혼자 먹게 할 수도 있고, 먹여줄 수도 있는 것이죠. 밥을 먹여주느냐 마느냐에 너무 신경 쓰지 마세요. 가장 핵심은 '어리광 부리고 싶은 아이의 마음'을 엄마가 충분히 알아주는 일입니다.

바빠서 밥을 먹여줄 수 없는 상황을 설명하거나, 이제 컸으니까 스스로 먹어야 한다고 설득하는 일도 필요하지만, "에구, 엄마가 먹여주면 좋겠어? 엄마가 그렇게 안 해줘서 서운했구나? 미안해서 어쩌나, 우리 아기." 하면서 다독여주는 일이 훨씬 더 중요합니다.

부드럽지만 단호한 태도로 아이 스스로 먹게 한 다음, 속상한 마음을 위로한다.

엄마가 먹여줬으면
했는데, 안 먹여줘서
우리 ○○ 많이
서운했구나.
끄덕끄덕

아이에게 충분히 설명한 뒤에는 엄마가 차분히 식사하는 모습을 보여주는 것이 좋다.

잠시 후 아이가 스스로 밥을 먹고 나면, 서운했던 감정을 알아주고 다정하게 위로한다.

이렇게 해보세요

부모가 맞벌이를 하느라 조부모나 육아도우미 등 보조 양육자의 도움을 받아 아이를 키울 경우, 아이가 스스로 먹고 입을 수 있는 나이가 되어도 아기 돌보듯 많은 걸 대신 해주는 일이 많습니다. 어리광을 계속 받아주면, 자칫 아이가 의존적이고 통제되지 않는 떼쟁이가 될 수 있으니, 부모가 나서서 일관된 양육 지침을 정하고, 보조 양육자와 함께 실천해보세요. 한꺼번에 많은 걸 시도하면 보조 양육자도 부담스럽고, 아이와도 충돌이 생길 수 있으니, 아이 스스로 할 수 있는 일들을 하나씩 차근차근 늘려나가는 게 좋습니다.

02: 옷 입혀달라고 떼 부릴 때

화내고 나서 신경질적으로 옷 입히는 엄마

이러면 안 돼요_ 어리광 부리고 싶어서 떼쓰는 아이의 마음을 전혀 헤아리지 않고, 옷만 빨리 입으라고 명령하고, 유치원 가지 말라고 협박하는 태도를 보여서는 곤란합니다. 이러한 태도는 아이의 욕구를 좌절시켜, 엄마에게 더 반항하게 만들거나 떼쓰기가 심해지는 결과만 초래하죠. 아이의 성화에 할 수 없이 옷을 입혀주더라도 신경질 내면서 거칠게 입히지는 마세요. 아이와의 관계만 나빠집니다.

여유 있을 때 아이 스스로 해보게 하세요

먹여달라고 떼쓰는 아이와 마찬가지로 입혀달라고 떼쓰는 아이 역시 엄마가 자신을 아기처럼 보살펴주길 원합니다. 그러나 엄마가 아이의 마음을 알더라도, 정신없이 바쁜 아침 시간에는 차분하게 마음을 알아주고 적절히 훈육하기가 쉽지 않죠. 그냥 옷을 입혀주고 마는 게 나을지, 아니면 버릇 나빠지지 않게 안 입혀주는 게 나을지 고민되실 겁니다.

(1) 평소에 자주 옷 입혀달라며 떼쓰는 아이가 아니라면, 특별히 훈육이나 훈련이 필요한 건 아니니, 버릇 나빠질 염려는 하지 마시고 그냥 옷을 입혀주세요.

(2) **엄마에게 매번 옷 입혀달라는 아이라면 훈련과 연습이 필요합니다.** 하지만 모든 연습에는 시간이 걸리기 마련이죠. 바쁜 아침 시간, 그것도 엄마가 동생까지 돌봐야 하는 상황은, 찬찬히 훈육하면서 연습시키기에 좋은 타이밍이 아닙니다. 외출 시간이 얼마 남지 않은 상황에서는 실랑이하지 마시고 엄마가 그냥 입혀주세요. 시간 여유가 많을 때 아이에게 단호하고 부드러운 태도로 스스로 옷 입는 연습을 시키시면 됩니다.

옷을 입혀주든 입혀주지 않든, '날 사랑하고 돌봐주세요.'라고 요구하는 아이에게 '너 때문에 힘들어 죽겠다. 아무래도 널 사랑하기 힘들겠다.'라는 느낌을 주지 않게 조심하셔야 합니다.

바쁠 때는 그냥 입혀주고, 여유 있을 때 혼자 옷 입는 연습을 시킨다.

여유가 없을 때 – 평일 아침

떼쓰는 아이 때문에 귀찮고 짜증 나더라도 보살핌받고 싶은 아이의 마음을 헤아리면서 마음을 가라앉히자. 아이에겐 부정적인 말이나 태도를 보이지 말고, 자상한 태도로 옷을 입힌다.

여유가 있을 때 – 주말 아침

'스스로 옷 입기' 연습을 시키기 전에 아이의 보살핌받고 싶은 욕구부터 먼저 인정하고, 따뜻한 태도로 아이의 마음을 공감해준다.

옷을 입혀줄 수 없거나 혼자 옷 입어야 하는 이유 등을 설명한 뒤, 아이 수준에 맞는 방법으로 스스로 입을 수 있도록 도와준다.

먼저 바지 구멍에
다리 다 넣으면 엄마가
끌어올려 줄게.

혼자서 할 수 있는 부분은 스스로 하게 유도하면서 어려운 부분만 도와준다.

다 했어.
오, 잘하는데?

아이가 스스로 해낸 부분에 대해서는 격려하고 칭찬한다.

이번엔 윗도리를
머리에 씌워줄 테니까
팔은 네가 끼워봐.

아주 잘했어.

옷을 다 입은 후에는 아이의 성취감을 극대화시켜 주자. 그래야 아이가 자신감을 가지고 다음번 옷 입기에 도전할 수 있다.

이렇게 해보세요

태권도, 발레, 피아노, 영어, 미술 등 요즘 아이들은 어릴 때부터 밖에서 배우는 활동이 무척 많지요. 엄마는 아이가 잠시라도 멍하니 있으면, 그 시간이 아까워 뭔가 알찬 것으로 채우고 싶어 하는데, 엄마의 이런 조바심이 자칫 아이에게 부담을 줄 수 있습니다. 이러한 활동들이 아이의 심리 상태나 몸 컨디션에 따라 스트레스로 작용할 경우, 아이가 엄마한테 짜증 내기 쉬운데, 그것이 먹여달라, 입혀달라는 식의 떼쓰기로 표출되기도 해요. 아이의 현재 상태를 요모조모 살펴봐서 긴장이 과도하다 생각되면, 다니는 학원 수를 줄이거나, 집에서 학습을 강요하지 말고, 아이가 자유롭게 쉬고 놀면서 긴장을 풀 수 있게 도와주세요.

Mom's Tips

스스로 먹기

▶ **수저나 그릇 등을 아이가 좋아하는 것으로 함께 구입하기**
"숟가락이랑 젓가락을 ○○가 좋아하는 걸로 골라보자."

▶ **평상시 아이 혼자 먹게 하지 말고 함께 식사하면서 격려하기**
"젓가락질 정말 잘하는데? 엄마 입에도 하나 넣어줄래? 고마워!"
"오늘 밥 혼자서 잘 먹었다고 선생님이 칭찬하시던데? 기특하네!"

▶ **아이가 먹고 싶은 만큼 밥을 퍼주고, 반찬도 직접 고르게 하기**
"밥도 먹을 만큼 덜었고, 반찬도 예쁘게 담았으니까, 여기 덜어놓은 건 혼자서 다 먹도록 하자."

▶ **혼자서 밥을 잘 먹을 때마다 칭찬스티커를 붙여주고, 일정 개수를 모으면 상 주기**
"○○가 밥을 혼자서 끝까지 잘 먹을 때마다 여기에 스티커를 붙여줄게. 스티커가 20개 모이면 ○○가 갖고 싶어 하는 장난감 사줄 거야."
☞ 여러 가지 방법을 사용해도 아이가 혼자서 밥을 잘 먹지 않을 경우, 2주일이나 한 달 등 기간을 정해서 한시적으로 실시하는 게 좋다. 칭찬스티커를 모은 뒤에 받는 상은 아이가 정말 갖고 싶어 하는 것으로 정한다.

▶ **스스로 잘 먹었을 때는 듬뿍 칭찬하기**
"와! 혼자서 끝까지 다 먹었어? 정말 열심히 먹었구나! 우리 ○○ 최고!"

스스로 입기

▶ **입기 쉬운 옷을 주어, 스스로 입고 벗는 일에 익숙해지게 하기**
"입기 편한 옷을 줄게. 어떻게 입는지 가르쳐줄 테니까 혼자서 입어보자."

▶ **인형에게 옷을 입혔다 벗겼다 하는 놀이를 하며 옷 입기에 흥미 끌기**
"속옷을 먼저 입혀볼까? 그 다음에 치마를 입히고. 그래, 잘했어!"

▶ **혼자서 차례대로 입을 수 있게 입는 순서대로 배열해주기**
"여기에 순서대로 옷을 뒀으니까 하나씩 혼자서 입어보자."

▶ **혼자서 옷을 입을 때는 시간을 충분히 주기**
"엄마가 기다려줄 테니까 천천히 입어도 돼."

▶ **스스로 옷 입는 모습을 거울로 보면서 성취감, 만족감 느끼게 하기**
"○○가 얼마나 옷을 잘 입고 있는지 거울로 봐봐. 와, 혼자서 잘하고 있네!"

▶ **아이가 옷 입는 과정을 사진 찍어 순서대로 벽에 붙여놓고 활용하기**
"혼자 어떻게 입어야 하나 잘 모를 때가 있지? 그럴 때 이 사진을 보면서 순서대로 입어보자."

▶ **아이가 좋아하는 캐릭터 옷 상자 등을 마련하여 스스로 꺼내 입는 즐거움 주기**
"○○ 옷은 여기다 예쁘게 잘 넣어두자. 입고 싶은 옷 골라서 꺼내 입으면 돼."

Doctor's Q&A

Q 제 성격이 급해서 아이의 느린 행동을 보면 참지를 못해요. 특히 외출할 때는 아이가 해야 할 일도 대신 해주는 편이죠. 아이가 자꾸 의존하는 게 제 탓인 것 같은데, 막상 상황에 부딪치면 마음처럼 되지 않아 답답하네요.

외출 시간은 다가오는데 아이가 느리게 움직이면, 어쩔 수 없이 엄마가 해주게 되는 경우가 많습니다. 행동이 느리면서 엄마에게 의존하는 아이라면 '혼자 해보는 연습 시간'을 따로 만들어보세요. 외출 시간에 구애받지 않을 때 해야 여유롭게 연습할 수 있습니다.

Q 동생이 태어나니 혼자 할 수 있는 것도 일부러 엄마한테 해달라고 떼를 많이 씁니다. 그러잖아도 아기 돌보느라 정신없는데 큰아이까지 매달리니 너무 힘드네요. 시간이 지나면 나아지려니 하고 그냥 기다려야 할까요? 아니면 야단쳐서라도 고쳐야 할까요?

엄마가 동생 돌보는 걸 보면서 자기도 동생처럼 사랑받고 싶었나 보네요. 엄마를 통해 '애착 욕구'를 충족하고 싶어 하는 건 당연하지만, 아이가 커갈수록 애착 욕구를 해결하는 방식도 조금씩 성숙해져야 합니다. 아기 때는 엄마가 불편함을 직접 해결해주는 것을 통해 욕구를 충족하지만, 점차 커나가면서 스킨십 혹은 교감하고 사랑받는 느낌만으로도 충족감을 얻을 수 있어야 합니다. 동생을 돌보는 엄마 때문에 서운한 아이의 마음은 충분히 위로하고, 그 과정에서 '엄마와의 정서적 교감'을 통해 애착 욕구를 충족시켜주세요.

Q 제가 어떤 일로 화가 많이 나 있으면, 아이가 더 심하게 매달리며 먹여달라 입혀달라 조릅니다. 왜 이런 행동을 할까요?

아기 때부터 불편한 문제가 있을 때마다 엄마가 '해결사' 역할을 했기 때문에 아이들은 불안한 상황에서 늘 엄마를 찾기 마련입니다. 그리고 아이에겐 '엄마가 나를 사랑하지 않으면 어떡하지?' 하는 것보다 더 큰 불안은 없습니다. 그래서 엄마가 화가 나 있으면 '이제 나를 사랑하지 않는 건가?' 하는 걱정과 의심 때문에, 이를 확인하기 위해 엄마에게 이것저것 더 요구하기도 하지요. 자기가 떼쓰고 요구하는 것을 엄마가 들어주면 '아, 다행이다. 엄마가 나를 미워하는 건 아니구나.' 하고 안심하지만, 엄마가 자신의 요구를 들어주지 않으면 그 불안감이 지속되거나 증폭되지요. 아이의 요구를 거절한다고 해서 사랑하지 않는 것은 아니므로 '엄마가 네 요구를 들어주건 안 들어주건, 항상 너를 사랑한다.'라는 믿음이 아이에게 생길 수 있도록 노력하셔야 합니다.

안아줘

사랑하는 사람이 안아주는 것은 모든 연령대의 사람들에게 편안함을 주는 행동이며, 이를 통해 인간의 가장 기본적이고 본능적인 애착 욕구가 충족됩니다. 그러니 엄마 아빠에게 안아달라고 하는 아이의 요구를 거절할 이유는 없겠지요.

만약 요구를 들어줄 수 없는 경우라면, 동생을 돌봐야 하는 등의 어쩔 수 없는 상황일 겁니다. 이때는 요구를 거절할 수밖에 없는데, 여기서 주의할 점은 '안기기 = 사랑받는 느낌'이긴 하지만, '안기지 못함 = 사랑받지 못하는 느낌'이어서는 안 된다는 겁니다. 어쩔 수 없이 못 안아준다면 다른 방법으로라도 아이에게 '사랑받는 느낌'을 주셔야 합니다. 어떤 경우에는, 안아주긴 하지만 사랑한다는 느낌은 주지 못할 수도 있어요. 아이의 요구에 짜증스러워하며 마지못해 안아주는 경우가 이에 해당되지요. 아이가 정말 원하는 건 안아주는 행동 그 자체가 아니라 '부모로부터 사랑받는 느낌'임을 잊지 마셔야 합니다.

03: 바쁜데 안아달라 떼쓸 때

아이의 요구를 화내며 거부하는 엄마

이러면 안 돼요_ 안아달라는 요구에 자주 짜증 내거나 화내며 거부하면, 아이는 불안한 마음에 더욱 필사적으로 엄마의 사랑을 확인하려고 매달리게 됩니다. 이러한 상황이 계속 반복되면 아이가 좌절감과 분노를 느껴서 다른 문제 행동을 보일 수 있고, 아이와의 관계도 악화될 수 있으니 주의하세요.

아이의 마음을 알아준 뒤, 가능한 범위 내에서 애착 욕구를 충족시킨다.

하던 일을 잠깐 멈추고 아이 눈을 바라보면서, 안기고 싶어 하는 마음을 알아준다. 아이가 엄마로부터 사랑받고 있다고 느낄 수 있게 따뜻하고 다정한 눈길로 말한다.

계속 안아줄 수 없는 이유를 설명하고, 엄마가 하던 일에 큰 지장을 주지 않으면서 아이의 욕구도 어느 정도 충족시킬 수 있는 제한된 선택권을 준다.

조금 과장된 몸짓으로 아이를 사랑스럽게 꼭 안는다.

이렇게 해보세요

평소에 자주 안아달라 떼쓰는 민감한 기질의 아이는 밤에 재우기 전에 목욕으로 몸을 이완시켜 주세요. 그리고 로션으로 마사지해주면서, 충분한 스킨십과 정서적인 교감을 나누는 게 좋아요. 동생이 태어나면서 엄마의 사랑과 관심을 뺏기지 않으려고 유난히 떼쓰는 아이에겐, 하루 중 일정한 시간을 정해 집중적으로 놀아주세요. 아이는 부모와의 놀이를 통해 사랑받는 느낌을 많이 받는답니다.

"엄마가 동생 돌봐주니까 속상할 때가 많지? ○○만 안아줬으면 좋겠고. 동생 안고 있어도 엄마는 ○○를 아주 많이많이 사랑해." 등의 메시지로, 동생이 있어도 변함없이 사랑받고 있다는 확신을 심어주는 것도 중요해요. 틈날 때마다 아이를 자주 안으며 사랑한다고 속삭여주세요. 별것 아닌 듯한 부모의 말 한 마디, 행동 하나하나가 아이의 마음을 안정시키고, 애착 욕구를 채워줄 수 있습니다.

04: 울면서 안아달라고 할 때

매번 마지못해 아이 요구 들어주는 엄마

그만! 엄마 귀 아파. 이거 다 널고 안아줄게. 기다려. 응?
안아줘~ 안아줘~ 안아줘~

이러면 안 돼요_

아이가 떼쓸 때 엄마가 몇 번 설득하다 안 되면, 아이의 요구를 들어주는 경우가 생깁니다. 그런 일이 자꾸 반복되면 아이는 떼를 써야 자기가 원하는 걸 얻을 수 있다고 생각하여 점점 떼쓰는 일이 많아지지요. 그렇게 되면 엄마는 육체적, 정신적 피로를 감당하기 힘들어지고, 육아에 지치게 됩니다.

떼쓰기를 강화시키지 마세요

아이가 떼쓰는 게 성가셔서 엄마가 마지못해 요구를 들어준다면, 아이는 '떼쓰면 엄마가 내 말을 들어주는구나.' 하고 생각하게 됩니다. 들어줄 수 있는 요구라면 아이가 떼쓰기 전에 미리 들어주거나, 떼쓰기가 끝난 다음에 받아주셔야 합니다. 그래야, 아이가 '떼쓰지 않아야 엄마가 내 말을 들어주시는구나.'라고 생각하면서 좋은 습관을 길러나갈 수 있습니다.

울음부터 그치게 한 뒤, 마음을 알아주면서 이야기를 나눈다.

울면서 말하면 엄마가 들어 줄 수 없어. 울음 먼저 그치고 말해.
으아아앙, 싫어! 안아, 안아~ 아아앙~

하던 일을 잠시 멈추고 아이의 팔을 붙잡아 울음을 진정시킨다.

울음 그쳐야 들어 줄 거야. 알았니?

울음을 그쳐야 이야기를 들어 주겠다고 단호하게 설명한 뒤, 울음에 크게 반응하지 말고 아이가 울음을 그칠 때까지 기다린다.

이제 그쳤네. 엄마가 안 안아줘서 속상했어?
으응... 흑...

울음을 그치고 난 뒤에 아이의 속상했던 마음을 공감해 준다.

다정하게 안아주고 토닥이면서 아이의 기분을 차분히 가라앉힌다.

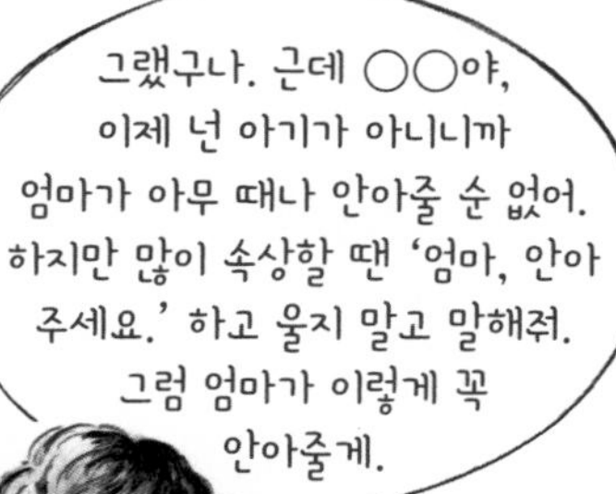

그랬구나. 근데 ○○야, 이제 넌 아기가 아니니까 엄마가 아무 때나 안아줄 순 없어. 하지만 많이 속상할 땐 '엄마, 안아주세요.' 하고 울지 말고 말해줘. 그럼 엄마가 이렇게 꼭 안아줄게.

응, 네...

자신이 원하는 걸 울음이나 떼쓰기가 아닌, 말로 표현하도록 가르친다.

그래, 우리 ○○ 정말 씩씩하다.
엄마, 나 심심해.
그럼, 우리 같이 빨래 널까? ○○는 양말 널어줄래?
탁
응, 나도 할래.

엄마 일에 아이를 동참시키거나 함께 놀아주는 등 분위기를 밝게 전환시킨다.

Mom's Tips

▶ **안기고 싶은 마음 알아주기**

"우리 ○○ 피곤하니? 엄마가 안아줬음 좋겠어?", "그래, 많이 무서웠구나. 그래서 안기고 싶었지?", "혼자 놀면 재미없고 심심해서 엄마한테 왔구나?"

▶ **잠깐 안아주겠다 약속하고, 아이가 선택할 수 있게 대안 제시하기**

"한 번 꼭 안고 나서, 설거지 같이 할까? 아니면 옆에서 그림 그릴래?"

▶ **집안일하기 전에 아이를 불러서 꼭 껴안기**

"우리 사랑하는 ○○ 꼭 안아준 다음에 밥해야지. 이리 와, 엄마가 안아줄게."
"엄마는 지금부터 옷장 정리할 거야. 그 전에 우리 ○○ 꼭 안아줄게. 사랑해!"

▶ **집안일하기 전에 아이가 혼자서 놀 수 있게 준비하기**

"엄마는 이제부터 부엌에서 요리할 건데, ○○도 장난감으로 요리할래?"
"엄마는 청소할 건데, ○○는 뭐 하고 놀고 싶니? 퍼즐 맞추기 할래?"

▶ **집안일하면서 이따금 아이에게 말 걸기**

"엄만 잡채 만들고 있어. ○○는 지금 블록으로 뭐 만드니?"
"엄마 일하는 동안 울지도 않고 혼자서 잘 노네? 우리 ○○ 진짜 멋져!"

추천할 만한 그림책

나도 안아줘(다케시타 후미코, 북뱅크): 동생이 태어난 후 큰아이가 느끼는 소외감과 엄마의 사랑을 갈구하는 간절한 마음을 고양이를 통해 표현한 그림책.
엄마는 누구보다 너를 사랑해(김현태, 맹앤앵): 떼쓰고 우는 아이를 키우느라 힘들지만, 그럼에도 아이를 너무나 사랑하는 엄마의 마음을 우리 정서에 맞게 따뜻하게 그려낸 책.

Doctor's Q&A

Q 전업주부라 집에서 아이와 함께 지내는데도 뭐가 부족한지 자꾸 안아달라고 보챕니다. 원하는 대로 많이 해주는 것 같은데, 왜 그러는지 모르겠어요.

아이가 느끼는 엄마와의 유대감은 물리적 시간만 길다고 강화되는 것이 아닙니다. 예를 들어 주말 내내 한집에 있으면서도 변변한 대화 없이 데면데면한 부부보다는, 한두 시간을 함께 보내더라도 두 사람이 얼굴 맞대고 서로 교감하는 부부의 유대감이 더 강하겠지요. 아이와 엄마의 유대감도 마찬가지입니다. 하루 한 시간이라도 데이트하듯 아이와 친밀하게 교감하는 시간을 가져보세요.

Q 직장 문제로 아이를 할머니 댁에 맡겨서 키우다가, 어린이집에 보내려고 집으로 데려왔어요. 그런데 아이가 안아달라고 떼를 심하게 써서 힘드네요. 직장을 그만둘 수도 없고, 막무가내로 떼쓰는 아이를 어떻게 해야 할까요?

아기 때는 조부모 댁에서 자라다가, 어린이집을 가면서 부모와 살게 되는 아이들이 있습니다. 양육 과정을 통해서 아이와 애착 관계가 생긴 사람은 할머니였는데, 갑자기 할머니와 헤어져 부모와 살게 되면, 아이가 엄마와 안정된 애착 관계를 형성하기까지 상당한 기간이 걸리지요. 이러한 과도기를 순탄하게 보낼 수 있도록 수개월 정도 할머니도 함께 거주하거나 자주 왕래하는 것이 좋습니다. 아이와 함께 살게 된 후 몇 개월 동안 부모 중 한 사람이 휴직해서 아이의 적응을 도와주는 방법도 괜찮습니다.

Q 동생이 태어나고 나서 안아달라는 정도가 심해졌어요. 이제 아기도 아니고, 형이 됐으니까 좀 의젓해졌으면 좋겠는데, 엄마를 더 힘들게 하네요.

아이가 '안기기 = 나를 사랑하는 것'으로 여기고 있나 봅니다. 부모 입장에서는 동생이 태어났으니 더 의젓해졌으면 하는 바람이 생기죠. 그러나 아이는 동생의 등장으로 인해 자기를 향한 부모의 사랑이 줄어들까 봐 불안해하고 있습니다. 그러니 더 자주 안아달라고 하는 것이죠. 아이가 '안기기 = 나를 사랑하는 것'이라고 여기는 경우, 안아주지 않으면 사랑받지 못한다고 생각합니다. 그러므로 부모로부터 사랑받는다는 믿음이 생기도록, 안아주는 것 외에 다른 방식의 애정 표현도 평상시 자주 시도해보세요.

아기처럼 굴기 (퇴행)

아기처럼 굴면서 엄마가 동생 돌보는 걸 방해하는 아이의 목적은 '엄마를 방해하는 것'이 아닙니다. 아이는 엄마가 동생만 돌봐주고 사랑하는 것 같아 불안한 마음에 엄마의 사랑을 확인하고 싶은 거죠. 이런 아이에게 가장 필요한 것은 '아기 짓'을 하지 않아도 엄마로부터 충분히 사랑받을 수 있음을 느끼게 하는 일입니다.

부모가 아이의 아기 짓을 받아주느냐 마느냐는 크게 중요하지 않습니다. 동생을 내버려두면서까지 아이의 아기 짓을 모두 받아줄 필요도 없고, 버릇이 나빠질까 봐 아기처럼 구는 행동을 일부러 제지할 필요도 없지요. 다만, 아기처럼 굴지 않아도 사랑받을 수 있다는 것을 아이가 반드시 알게 해야 합니다.

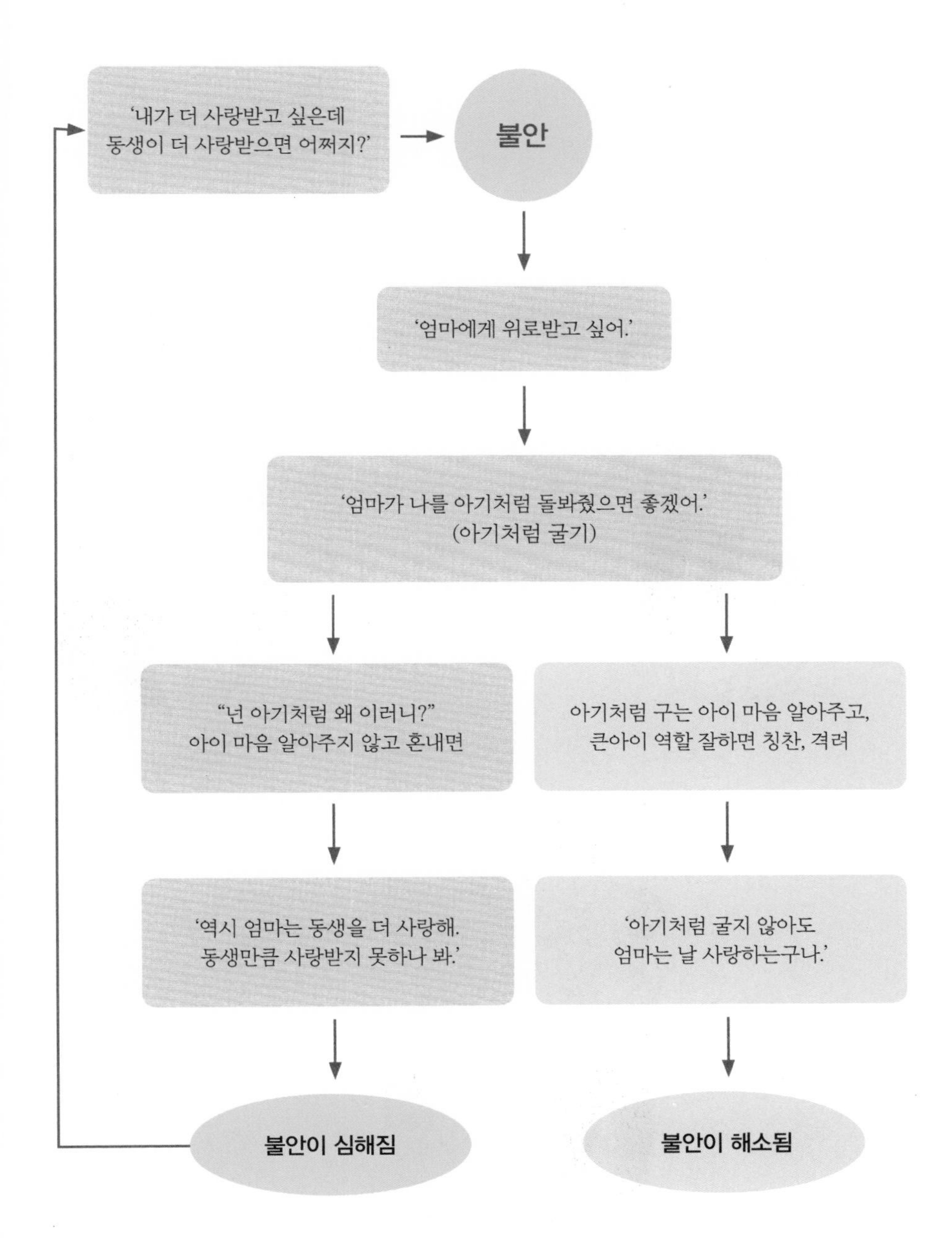
'내가 더 사랑받고 싶은데
동생이 더 사랑받으면 어쩌지?'
불안
'엄마에게 위로받고 싶어.'
'엄마가 나를 아기처럼 돌봐줬으면 좋겠어.'
(아기처럼 굴기)
"넌 아기처럼 왜 이러니?"
아이 마음 알아주지 않고 혼내면
아기처럼 구는 아이 마음 알아주고,
큰아이 역할 잘하면 칭찬, 격려
'역시 엄마는 동생을 더 사랑해.
동생만큼 사랑받지 못하나 봐.'
'아기처럼 굴지 않아도
엄마는 날 사랑하는구나.'
불안이 심해짐
불안이 해소됨

05: 동생 돌보는데 아기처럼 굴며 방해할 때

짜증 내다가 벌컥 화내는 엄마

이러면 안 돼요_ 동생을 품에 안고 먹이거나 재우는 엄마의 모습은 그 어느 때보다 동생에게 사랑과 관심이 집중되는 느낌을 주어 아이의 질투심을 강하게 불러일으킵니다. 그래서 아이는 어떻게든 엄마의 눈길을 자신에게 돌리려 애쓰고, 아기처럼 행동하면 엄마가 자신을 동생처럼 돌봐주리라 기대하죠. 엄마 입장에선 당연히 힘들고 짜증 나는 상황입니다. 그러나 동생에게 사랑을 뺏길까 봐 불안한 아이의 마음을 외면한 채 야단치면, 아이는 자신이 동생보다 부족하고 사랑받지 못하는 존재라고 느낄 거예요. 그리고 이런 일이 자꾸 되풀이되면 아이의 불안감이 점점 더 커져서, 퇴행 행동이 심해지거나 부정적인 관심이라도 끌려고 엄마가 싫어하는 짓을 일부러 더 하게 될지도 모릅니다.

아이 마음을 알아주고, '안아주기' 외의 방법으로 엄마의 애정을 느끼게 한다.

너도 엄마한테 안기고 싶구나? 그럼, 우리 꼭 안고 같이 잘까?
응, 같이 자~

엄마를 독차지하고 싶은 아이의 마음을 알아준다.

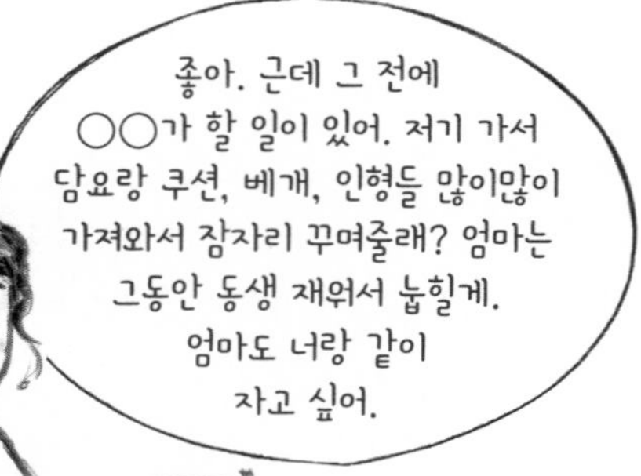

좋아. 근데 그 전에
○○가 할 일이 있어. 저기 가서
담요랑 쿠션, 베개, 인형들 많이많이
가져와서 잠자리 꾸며줄래? 엄마는
그동안 동생 재워서 눕힐게.
엄마도 너랑 같이
자고 싶어.

엄마가 잠시 동생을 돌보는 동안 아이 스스로 해낼 수 있는 과제를 제시한다. 그러면 엄마는 동생에게 마저 우유를 먹이거나 재울 수 있는 시간 여유가 생기고, 아이는 곧 엄마와 함께할 수 있다는 기대감 속에서 즐겁게 과제를 수행할 수 있다.

우리 ○○가 얼마나
예쁘게 꾸미는지 볼까? 와~
공주님 침대 같다! ○○는 그림도
잘 그리고 이렇게 꾸미는 것도
잘하는구나.
동생은
이거 못해.

아이가 멋지게 과제를 수행하고 있다고 칭찬함으로써 부모의 사랑과 관심뿐 아니라 큰아이로서의 자부심도 느끼게 한다.

맞아. 못하지.
우리 ○○가 최고로
멋진 누나야!

이렇게 해보세요

동생이 있어도 부모의 애정에는 변함이 없다는 '사랑의 메시지'를 아이에게 자주 전하고, 동생보다 잘하는 일들을 적극 칭찬하여 큰아이로서의 우월감을 가질 수 있게 도와주세요. 또한 동생을 자꾸 '아기'라고 부르면, 아기처럼 되고 싶은 아이의 마음을 더 자극할 수 있으니, '동생' 또는 동생의 이름을 불러주는 것이 좋아요. 엄마가 동생을 돌보고 있을 때, 관심을 끌려고 아기처럼 구는 아이를 외면하면 아이가 상처받으므로, 시선만이라도 아이에게 두고 다정하게 말을 걸어주세요.

06: 아기 말투로 말할 때

무조건 타이르고 다그치는 엄마

그럼, 앞으로는
똑바로 말해. 알았어?
몰랐어?
알았어...

이러면 안 돼요_ 동생이 없더라도 이웃집에서 어린 아기가 기어 다니고, 혀 짧은 소리 내고, 젖병 빠는 모습을 보면, 집에 와서 그 행동을 따라 할 수 있어요. 특히 어린이집을 오래 다니면서 어린 동생들이 점점 많아지면 자연히 형, 언니 역할을 맡게 되는데, 평소에는 의젓하게 동생들을 잘 돌보다가도 집에 오면 어리광 부리고 싶은 마음이 생길 수 있죠. 이런 아이의 마음을 알아주지 않고 무조건 타이르고 다그치면 아이는 죄책감을 느끼고 위축될 수 있으며, 애착 욕구를 충족시키지 못해 퇴행 행동이 더 심해질 수 있습니다.

아기 말투를 받아주세요

어른들도 한참 연애할 때는 사랑하는 사람 앞에서 간혹 혀 짧은 소리로 말하는 등 유치하고 퇴행된 모습을 보이기도 합니다. 하지만 사랑받고 싶은 상대가 아닌 다른 사람들 앞에서는 그런 행동을 하지 않죠. 마찬가지로 아이 역시 사랑받고 싶은 마음에 부모 앞에서 아기 말투를 쓰는 것입니다. 아이가 아기 말투 사용하는 것을 너그럽게 받아주세요. 성장해서까지 아기 말투가 습관으로 남거나, 아기 말투가 일상화되어 언어 습관에 문제가 생기는 경우는 없으니까요. 아이가 부모뿐 아니라 다른 사람들에게도 아기 말투를 계속 쓴다면, 그건 습관의 문제가 아니라 '조음 장애(입술, 혀 , 치아 등 조음기관의 문제로 말소리를 정확하게 내지 못하는 장애)' 등 언어 발달의 문제일 수 있습니다.

아기처럼 대해 주고 '아기 놀이'로 애정 욕구를 채워준다.

아기 말투 쓰면서 어리광 부리는 아이를 다정한 태도로 '아기 대우' 해주자. 아이 말을 알아듣기 힘들 땐 "엄마가 잘 못 알아듣겠는데, 다시 말해줄래?" 하고 물어본다.

아이가 흐뭇한 표정을 지을 때까지 '안아주기', '뽀뽀하기', '쓰다듬기' 등의 스킨십으로 엄마의 따뜻한 관심과 사랑을 느끼게 한다.

아기 놀이를 할 때는 아기처럼 안아주고, 마사지해주고, 아기 말투도 마음껏 쓰게 허용하자. 아기였을 때의 추억도 이야기하면서, 지금 이렇게 자란 모습이 기특하다고 말해주자.

이렇게 해보세요

평소에 아기 짓을 너무 많이 하는 아이들은, 그 욕구를 실생활이 아닌 놀이를 통해서 충족하도록 엄마와 함께 아기 놀이를 하면 좋습니다. 처음에 놀이를 시작할 땐 아이가 아기 역할만 하려고 하겠지만, 충분히 욕구가 충족되고 나면 점차 엄마 역할도 맡으려고 할 거예요. 아기 놀이를 할 때, 아기 인형과 젖병, 장난감 유모차, 아기띠, 장난감 요리 도구 등을 준비해서 서로 말을 주고받으며 놀아보세요.

Mom's Tips

▶ 자주 안아주며 사랑한다고 말하기

"○○야, 엄마가 널 얼마만큼 사랑하는지 잘 느껴봐. 자, 꼭~ 안는다!"

▶ 조금이라도 잘한 일이 있으면 아낌없이 칭찬하기

☞ 부정적인 행동을 꾸짖기보다는 긍정적인 행동에 반응해주고 칭찬과 격려를 하는 것이 문제 행동을 감소시키는 데 훨씬 효과적이다.

"어머, 다 먹은 밥그릇 치워주는 거야? 아유, 기특해라. 엄마가 뽀뽀해줄게!"

▶ 아기 때 사진, 동영상 등을 함께 보면서 즐거웠던 추억 이야기하기

"돌잔치 때 생일 축하해주러 손님들이 이렇게 많이 왔어. 엄마 아빠랑 예쁘게 한복 입고 사진도 찍었고. ○○가 얼마나 잘 웃고 귀여웠는지 몰라."

▶ 아기처럼 기어 다닐 때는 놀이로 전환시키기

☞ 기어 다님으로써 부모의 관심을 끌려던 의도를 아이가 어느 순간 잊어버리고 신나게 놀게 하면 퇴행 행동을 자연스럽게 개선할 수 있다.

"우리 토끼와 거북이 놀이 할까? ○○는 토끼, 엄마는 거북이야. 자, 토끼님, 어서 제 등에 올라타시지요. 바다 용궁에 모셔다 드리겠습니다!"

▶ 동생이 있을 경우, 큰아이와 둘만의 시간 마련하기

"동생 자는 동안 아빠는 집에 있으라고 하고, 우린 놀이터 가서 그네 탈까?"

▶ 동생보다 더 잘하는 것이나 더 많이 누리는 혜택을 부각시키기

"동생은 아직 어려서 과자 먹을 줄 몰라. ○○는 형이라서 먹을 수 있는데. 이렇게 맛있는 과자도 못 먹고 동생은 불쌍하다 그지? 맨날 우유만 먹잖아."

▶ 아이가 동생에 대한 자신의 감정을 표현하도록 도와주기

"○○야, 엄마가 동생을 더 예뻐하는 것 같아서 힘들었어? 그럴 땐 '나 속상해.'라고 말해줄래? 그래야 엄마가 속상한 마음 빨리 사라지게 도와줄 수 있어."

Doctor's Q&A

Q 동생이 태어나고 아기 짓을 많이 하는데, 이런 행동은 얼마나 오래가나요? 언제까지 아기 짓을 받아줄 순 없잖아요.

동생의 출생과 상관없이 '엄마는 나를 충분히 사랑하는구나.' 하는 신뢰가 생기면 아기 짓은 자연히 사라집니다. 아기 짓을 받아주는 것 외에 다른 방법으로 친밀감과 신뢰감을 심어주세요. 유대감이 튼튼해질수록 아기 짓 하는 기간도 짧아집니다.

Q 배변 훈련을 일찍 서둘러서 하느라 아이가 좀 힘들어했는데요. 혹시 그 스트레스 때문에도 퇴행 행동을 보일 수 있나요?

아이에게 스트레스가 되는 상황들은 모두 퇴행 행동을 불러일으킬 수 있습니다. 아이가 긴장하고 불안해지면 엄마에게 더 의존하고 싶어지고, 의존 욕구가 많아질수록 아기처럼 굴고 싶은 마음이 더 강하게 들기 때문이죠.

Q 어린이집에 다니기 시작하면서부터 아기 짓을 많이 하는데, 한 달이 지나도 나아지질 않네요. 이대로 내버려둬도 괜찮을까요?

일반적으로 안정적인 애착을 형성했던 아이들은, 새로 어린이집을 다니면서 다소간의 불안과 스트레스를 겪더라도 2~4주 이내에 적응하기 마련입니다. 어린이집의 생활환경이나 친구 관계, 교사와의 관계에 문제가 있는 것은 아닌지 점검하고, 그런 문제가 없다면 부모-자녀 애착 관계에 대한 점검이 필요할 수 있습니다.

놀아줘

아이가 말하는 "놀아줘!"는 단순히 놀아달라는 것이 아니라 '나에게 관심을 보여줘요. 나와 함께라는 느낌을 줘요.'의 의미가 포함되어 있는 겁니다. 그래서 아이와 놀 때는 '부모와 교감하는 느낌'을 줄 수 있어야 하지요. 아이에게 관심을 주고 교감하는 느낌을 주기 어려운 상황에선 당장 놀아주지 않아도 괜찮습니다. 놀아주지 않고도 교감의 느낌을 줄 수 있게 아이의 마음을 충분히 위로해주고, 언제 함께 놀 수 있는지 이야기하면 됩니다. 떼쓰는 아이를 달래기 위해 억지로 놀아주다 보면, '놀아주긴 했지만 아이와 즐거운 시간을 보내지도 못하고, 교감도 못 느끼는' 결과가 생길 수 있으니까요. 중요한 건 행동이 아니라 마음입니다.

지금 당장 놀아줄 수 없는 상황에서
아이가 놀아달라고 떼쓸 때

1) 마음 알아주기 "지금 엄마랑 놀고 싶구나.", "혼자 노니까 재미없구나."
2) 상황 설명하기 "지금은 엄마가 일해야 해서 놀아줄 수가 없어."
3) 예측 가능하게 하기 "시계 긴바늘이 6에 가면 놀자. 그때까지 기다려줘."
4) 사과하기 "지금 못 놀아줘서 미안해……."
5) 대안 상의하기 "엄마가 일하는 동안 뭘 하면서 기다리면 좋을까?"

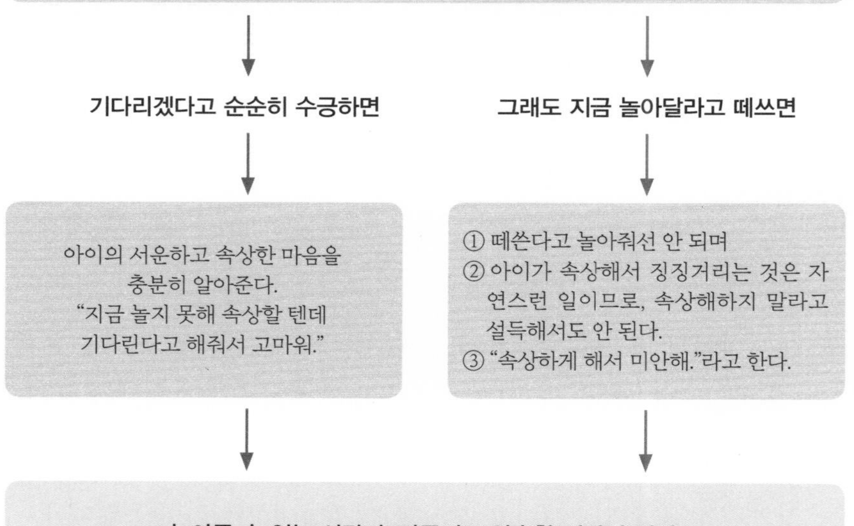

기다리겠다고 순순히 수긍하면
그래도 지금 놀아달라고 떼쓰면
아이의 서운하고 속상한 마음을
충분히 알아준다.
"지금 놀지 못해 속상할 텐데
기다린다고 해줘서 고마워."
① 떼쓴다고 놀아줘선 안 되며
② 아이가 속상해서 징징거리는 것은 자연스런 일이므로, 속상해하지 말라고 설득해서도 안 된다.
③ "속상하게 해서 미안해."라고 한다.

놀아줄 수 있는 시간, 놀아주기로 약속한 시간이 되면
"엄마 일하는 동안 기다려줘서 고마워. 우리 이제 재미있게 놀자."
"아까 OO가 놀고 싶을 때 엄마가 금방 못 놀아줘서 속상했지?"

07: 일하고 있는데 놀자고 조를 때

귀찮아하며 성의 없이 놀아주는 엄마

이러면 안 돼요_ 하던 일을 마저 해야 하거나 아이와의 놀이에 도저히 집중할 수 없는 상태라면 차라리 거절하세요. 확실히 놀 수 있는 시간에 잘 놀아줘야 합니다. 마지못해 건성으로 놀아주면서 컴퓨터나 TV, 스마트폰에서 눈을 떼지 못하거나, '잠깐 부엌 갔다 올게.', '전화 한 통만 하자.'며 놀이 흐름을 끊지 마세요. 아이가 부모로부터 존중받지 못한다고 느낍니다. 놀이는 서로 교감을 나누고 상호작용하는 '과정'이 중요하기에, 일단 놀아주기로 했다면 다른 일에 신경을 끊고 놀이에만 집중해야 합니다. 아이는 놀이를 통해서도 부모의 애정과 관심을 확인한다는 걸 잊지 마세요.

마음을 알아주면서 기다리게 한 뒤, 약속한 시간에 재미있게 놀아준다.

마음 알아주고 상황 설명하기

우리 ○○가 엄마랑 놀고 싶구나? 근데 지금은 엄마가 일해야 돼서 놀아줄 수가 없어.
엄마~ 마트놀이 하자~ 놀아줘~

예측 가능하게 하고, 사과하기

저기 시계 긴바늘이 10에 가면 우리 재미있게 놀자. 그때까지 얼른 일 끝낼게. 지금 못 놀아줘서 미안해.
음… 지금 심심한데, 엄마~

대안 상의하기

그럼, 기다리는 동안 ○○는 뭘 하면 좋을까?

아, 생각났어. 가게 꾸밀래! 예쁘게 물건 놓아야지.

항상 만족시켜 줄 수는 없어요

아이가 좌절하는 일 없이 항상 즐겁고 행복하기를 바라는 것이 모든 부모들의 소망이겠지요. 하지만 어느 정도의 욕구 좌절 경험은 아이들의 '자기조절능력' 발달에 도움이 됩니다. 일부러 욕구를 좌절시킬 필요는 없지만, 어쩔 수 없는 상황에서는 아이의 욕구를 즉각 만족시키려고 무리하지 마세요. 욕구 좌절로 인해 부모에게 서운해하고 삐치더라도, 그 속상함을 부모와 나누고 해소하는 과정을 통해서 아이의 마음이 더 크게 자라납니다.

이렇게 해보세요

아이와 재미있게 잘 노는 엄마라 하더라도, 아이 수준에 맞춰 날마다 비슷한 놀이를 반복하는 것은 고역이죠. 온갖 놀이를 같이 하다가 지치고 피곤해지면 결국 짜증이 납니다. 그러니 심신이 지쳐 있을 때는 아이 아빠나 조부모 등 다른 가족에게 도움을 요청하여 아이와 놀아주게 하고, 잠시 혼자만의 재충전 시간을 가지면서 마음의 여유를 찾으세요.

아이와 놀 때는 엄마에게도 도움이 되는 요소를 찾아 함께 즐기세요. 예를 들어, 아이가 그림 그릴 때 엄마도 그림을 그리면서 현재의 생각과 감정을 표현할 수 있으며, 아이 손을 잡고 산책로를 걸으면 기분 전환이 되기도 해요. 공연이나 영화를 함께 즐기거나 실내놀이터에서 아이가 또래 아이들과 뛰어노는 모습을 지켜봐도 좋고요. 아이를 자전거 뒤에 태우고 동네 한 바퀴 돌면서 바람 쐬는 것도 시도해볼 만합니다. 답답했던 마음도 풀리고 아이와 차분히 이야기 나눌 기회도 생길 거예요.

야외로 나가 아이 손에 핸드폰을 쥐어주고 자유롭게 사진을 찍게 해보세요. 아이는 길에 핀 꽃 한 송이까지 놓치지 않고 찍을 것이고, 좋아하는 엄마도 찍을 거예요. 비록 어설프지만 아이가 찍어준 엄마의 모습은 소중한 추억으로 남지요. 떠들썩한 시장에 가서 이것저것 구경하며 물건 사는 일도 아이에겐 즐거운 경험, 엄마에겐 스트레스 해소할 기회가 됩니다. 각자 자신에게 맞는 아이디어를 찾아내 실천하면서, 지루해지기 쉬운 아이와의 일상에 활력을 불어넣으세요.

08: 아이와 놀아줄 때

놀이를 주도하다 지쳐서 짜증 내는 엄마

이러면 안 돼요_ 놀이는 아이의 자발성과 창의성, 즐거움이 수반되는 활동인데, 엄마가 놀이를 주도하면 아이는 수동적이 되어 자신의 생각과 감정을 자유로이 표현할 수 없습니다. 또한 엄마가 놀이의 주체가 되어 열성적으로 이끌다 보면 금방 지쳐서 놀이에 대한 부담만 커지지요. 평소에 아이와 놀이를 할 때 엄마의 욕심 때문에 학습적인 놀이를 강요하진 않았는지, 아이가 다양한 놀이를 했으면 하는 바람에서 아이가 선택한 놀이를 강제로 바꾸려고 하지는 않았는지, 아이가 하던 것을 빼앗아 대신 해결하려고 하거나 놀이에 몰두 중인 아이에게 학습 효과를 노린 질문들을 하면서 놀이 흐름을 방해한 적은 없는지 돌이켜보세요. 놀이의 주인공은 '아이'라는 사실을 잊지 말아야 합니다.

: 아이가 놀이를 스스로 이끌어가게 도와준다.

엄마, 나 트럭 만들 거야.
그래? ○○는 트럭 만들 거구나. 엄마는 뭘 하면 좋겠어?
이게 트럭이야. 아주 튼튼해. 근데 주유소 다 만들었어?
아직 짓고 있어. 주유소가 빨리 만들어졌으면 하는구나.

아이의 말을 그대로 받아주면서 아이의 생각과 감정을 반영해준다.

○○가 트럭에 기름을 가득 채우고 주유소에서 출발하네. 어디로 가는 거 같네.
이거는 자동차 싣는 트럭이야. 지금 공장에 가야 돼.
트럭이 갑자기 멈췄어! 바퀴가 고장 났어요!
저런, 트럭 바퀴에 펑크가 났다고? 큰일 났네. 어떻게 하지?
자동차 고치는 가게에 전화하면 돼. 여보세요?

아이의 행동과 놀이 상황을 중계하듯 묘사하면서 아이의 놀이에 엄마가 지속적으로 관심을 가지고 있다고 느끼게 한다.

아이가 보이는 감정에 엄마도 공감하면서, 문제 상황이나 갈등 상황에서도 아이 스스로 주도해나갈 수 있게 기다린다.

아이가 주도하게 하세요

아이의 생각이나 감정이 풍부하게 드러나는 즐거운 놀이는 '아이 스스로 주도하는 놀이 환경'에서 생겨나며, 몇 가지 원칙이 있습니다.

(1) 아이가 주도하게 하세요. ▶"엄마(아빠)가 어떻게 하면 되는지 알려줄래?"

(2) 역할놀이에서 아이가 엄마에게 역할을 주었을 경우, 어떤 식으로 하면 되는지 하나하나 물어보면서 아이가 원하는 대로 놀이하세요.
▶ "내가 뭐라고 말하면 될까?", "다음에는 무슨 일이 일어나는 거지?"

(3) 놀이에 활발하게 참여하되, '대장'이 아니라 '부하'가 되세요.

(4) 아이가 놀이하는 내용을 중계하듯 말로 표현해주세요.

(5) 놀이 상황에서 나타나는 아이의 감정에 공감하여 이야기하세요.
▶ "그래서 놀랐구나.", "아, 실망했나 보다.", "이렇게 정리하는 건 싫구나."

(6) 비난하거나 아이의 행동을 유도하는 질문을 하지 마세요.

(7) 정보를 주거나 가르치려고 하지 마세요.

이렇게 해보세요

맞벌이 부모들은 아이와 노는 방법을 잘 몰라 힘들어하곤 하는데, 그럴 때는 아이가 그때그때 원하는 놀이를 해주는 것도 좋고, 짬날 때 아이와 했던 놀이 중에서 만족도가 높았던 놀이나, 책과 인터넷에서 찾았던 새로운 놀이를 시도하면 좋아요.

특히 부모와 함께 있는 시간이 적은 아이에겐 스킨십이 많고 친밀감을 높일 수 있는 신체놀이가 좋은데, 평일에 놀아줄 시간이 부족할 때는 잠자기 전에 아이와 양치질하거나 목욕하는 시간을 이용할 수 있어요.

예를 들어, 거울 앞에 나란히 서서 양치질할 때 서로 재미있는 표정 짓기를 해도 좋고, 부모가 옆에서 흥겨운 운율을 넣어주면, 아이는 운율에 맞춰 즐겁게 칫솔질할 수 있지요. 또 샤워나 목욕할 때 함께 노래 부르며 서로 비누칠해주고, 목욕용 장난감으로 가벼운 물장난을 즐기면 친밀감을 높이는 데 아주 효과적입니다.

Mom's Tips

▶ **부모와 함께 놀고 싶은 아이 마음 알아주기**
"○○가 아빠랑 재미있게 놀고 싶구나.", "지금 엄마랑 같이 놀고 싶구나."

▶ **아이와 당장 놀 수 없는 이유 설명하기**
"그런데 지금은 엄마가 이거 꼭 해야 돼서 놀 수가 없어."
"아빠가 기운이 너무 없어서 좀 쉬어야 돼. 지금은 같이 놀기 힘들어."

▶ **아이와 언제 함께 놀 수 있는지 이야기하기**
"하지만 저녁 먹은 뒤에는 놀 수 있어. 우리 그때 신나게 놀자."
"너 간식 먹는 동안 일 끝낼게. 그런 다음에 놀이터 나갈까?"

▶ **바쁠 때는 부모 가까이에서 아이 혼자 할 수 있는 놀이 찾아주기**
"전화해야 되니까 엄마 옆에서 놀자. 퍼즐 맞추기 할래? 그림 그릴래?"

▶ **부모가 하는 일을 모방할 수 있는 장난감이나 물건으로 놀게 하기**
"엄마가 다림질하는 동안, ○○도 다림질(장난감 다리미) 할래?"
"아빠 컴퓨터 해야 되는데, ○○도 컴퓨터(장난감 노트북) 가져와서 할래?"

▶ **집안일을 놀이처럼 함께하기**
"엄마랑 같이 당근 썰까? 빵칼이랑 도마 줄 테니까 이리 와 봐."
"○○가 좋아하는 노래 틀어놓고, 노랫소리에 맞춰서 쓸고 닦는 청소놀이 어때?"

▶ **부모와 함께하는 일정한 놀이 시간 정하기**
"유치원에서 돌아와 간식 먹은 다음엔 엄마랑 노는 시간이야."
"아빠가 회사에서 일찍 돌아오는 날은, 저녁 먹고 나서 30분 동안 놀아줄게."

Doctor's Q&A

Q 아이가 혼자 노는 걸 더 좋아하고, 엄마가 끼려고 하면 싫어해요. 떼쓰지 않아 편하긴 한데 사회성 발달이 걱정됩니다. 이렇게 놔둬도 괜찮을까요?

아이들은 본능적으로 혼자보다는 다른 사람들과 상호작용하면서 더 큰 즐거움을 느낍니다. 하지만 놀이할 때 자기의 생각과 감정이 무시당하는 것 같거나, 부모가 지나치게 놀이를 주도하거나, 부모와의 상호작용 속에서 즐거움보다 스트레스가 더 큰 경우에는 혼자만의 놀이에 점점 빠져들기도 하죠. 부모와 노는 일에 거부감이 있다면 억지로 끼어들려고 하지 마시고, 아이의 놀이를 관찰하면서 따뜻한 격려와 공감을 해주세요. 그렇게 해서 아이의 경계심부터 풀어주는 것이 우선입니다. 드물게는, 자폐적인 성향 때문에 상호작용 욕구 자체가 적은 아이들이 있지요. 어릴 때부터 눈을 잘 맞추지 않으려 하거나, 이름을 불러도 반응이 적고, 함께 노는 걸 피하는 등의 행동을 보인다면, '자폐적인 성향' 혹은 '사회적 상호작용의 문제'가 있는지 전문가와 상의해보는 것이 좋습니다.

엄마 가슴 만지기

엄마는 아이에게 없어서는 안 될 절대적인 존재입니다. 아기 때부터 먹이고, 재우고, 달래준 사람이 바로 엄마였기 때문이죠. 불안한 상황에서 아이들은 해결사 역할을 하는 엄마를 찾기 마련입니다. 엄마가 옆에 있다면, 아이들은 마음이 편안해지죠. 다만 '엄마와 연결된 느낌', 그리고 '엄마가 내 마음을 편안하게 해주리라는 믿음'을 얻기 위한 방법은 아이가 성장하면서 조금씩 달라져야 합니다.

아기 때는 엄마가 안아주고 젖을 물리고 살갗을 맞대야 편안해지지만, 보통 세 돌이 지나면 엄마의 얼굴을 보고 목소리를 듣는 것만으로도 위안을 얻습니다. 하지만 세 돌이 넘어서도 엄마 젖을 만지고 신체적 접촉을 해야만 위안을 얻는 아이는 다른 아이에 비해서 엄마와의 정서적인 연결, 즉 애착이 단단하지 못하다고 볼 수 있죠. 그래서 이런 아이에게는 '엄마는 내 마음을 알아주는 사람', '내 마음을 편안하게 해주는 사람'이라는 믿음을 줄 수 있도록 특별히 신경 써야 합니다.

09: 엄마 가슴 만지면서 자려고 할 때

설득하다 포기하고 밤잠 설치는 엄마

계속 그러면 엄마 아파. 인형 만지면서 자.
싫어~ 싫어~
너 이제 어린이집도 다니잖아. 4살이라구~ 아유~ 만지지 마.
싫어~. 엄마 찌찌 만질 거야.
아... 피곤해...
엄마~ 나 어린이집 안 갈래. 찌찌 만질 거야~

다음 날 아침

이러면 안 돼요_ 아이와 실랑이 끝에, 하는 수 없이 가슴을 만지게 하면, 아이가 정서적 허기를 채우지 못하고 엄마 가슴에 더 집착할 수 있어요. '어린이집 다닐 정도로 컸으니까'라는 설득도 아이에겐 통하지 않죠. 오히려 엄마의 의도와는 다르게 '어린이집을 안 다니면 만져도 되겠지.'라고 생각하고, 어린이집 가지 않겠다고 떼쓸 수도 있습니다.

애착 욕구를 충족할 수 있게 아기 짓을 허용하세요

엄마 가슴을 만지는 행동은 엄마가 받아줄 수 있는 정도까지만 허용하는 게 좋습니다. 애착 욕구나 엄마와의 안정적인 관계에 대한 믿음을 반드시 가슴 만지는 행동으로 충족할 필요는 없으니까요. 그러나 엄마의 사랑에 목말라 있는 아이의 요구를 짜증 내면서 거절하지는 말아야 합니다. 만약 그런 식으로 거절하면 '엄마가 나를 사랑하지 않나?'라는 생각에 빠져들고, 사랑에 대한 믿음이 줄어들수록 가슴 만지는 행동이 심해질 수 있습니다. 대신에 평소 놀이 시간에 애착 욕구를 많이 채워주세요. 놀이 시간에라도 실컷 아기 짓을 하고 젖 먹는 시늉도 하면서 엄마와 연결된 느낌을 갖는 것이 도움이 됩니다. 형제자매가 있는 아이라면, 일주일에 한두 시간이라도 엄마를 독차지할 수 있는 '특별한 데이트 시간'을 가져보는 것도 괜찮습니다.

마음을 알아주면서 설명하고, 평소에 아기 놀이로 애착 욕구를 채워준다.

엄마 가슴 만지니까 기분이 좋아?
응. 엄마 찌찌 좋아.
그렇구나. 근데 ○○야, 계속 만지면 엄마가 못 자서 피곤해. 푹 자야 기운이 나서 ○○랑 재미있게 놀 수 있는데… 인형 꼭 안고 자면 어떨까?
음… 찌찌 만지고 싶어.
그럼, 엄마가 자장가 불러줄 테니까, 다 부르고 나면 그만 만지고 인형 안고 자는 거야~

푸근하고 따뜻한 분위기에서 아이의 마음을 공감해주는 대화를 시도한다.

가슴을 못 만지게 하더라도 엄마가 아이를 충분히 사랑하고 있다는 느낌을 주면서 부드럽게 설득한다.

가슴 만지는 시간을 제한할 때, 부드럽지만 단호한 느낌으로 이야기하자.

평소 놀이 시간

○○야! 엄마랑
아기 놀이 할까?
와~ 나 아기 할래~~

우리 아기~ 엄마 젖
많이 먹고 쑥쑥 크겠네.
아이 이뻐라!

이렇게 해보세요

밤에 엄마 가슴을 만지면서 잠드는 습관이 든 아이에게는, 어느날 밤 갑자기 못 만지게 하는 것보다, 아이의 애착 욕구를 낮에 충분히 채워주면서 서서히 밤에 만지지 않도록 설득하는 것이 효과적입니다. 낮에 편안히 엄마 가슴을 마음껏 만지는 경험을 여러 번 되풀이하다 보면, 아이의 마음에 여유가 생겨 밤에 못 만지게 해도 거부감이 줄어들지요. 이런 과정에서 아이가 엄마 가슴 대신 만지면서 잠들 수 있는 물건을 찾아보세요. 부드러운 소재의 인형이나 베개, 수건 등을 슬며시 안겨주면서 혼자서 잠들 수 있게 유도하세요.

10 : 손님과 이야기하는데 가슴 만지려고 떼쓸 때

짜증스럽게 밀쳐 내는 엄마

이러면 안 돼요_ 가슴 만지려는 아이 손을 확 뿌리치고 손을 찰싹 때리거나, 짜증스럽게 밀쳐 내는 등 부정적인 대응을 하면, 아이의 불안감만 더 높아집니다. 그러면 아이는 점점 더 기를 쓰고 엄마 가슴을 만지려 하고, 엄마는 인내심의 한계로 화를 내는 일이 반복될 수 있어요. 이러한 악순환이 계속되면 아이에게 또 다른 문제 행동이 나타날 수 있으니 주의하셔야 합니다.

엄격한 건 좋지만 무서운 건 안 돼요

아이가 엄마 가슴을 만지면서 정말로 확인하고 싶은 건 '엄마의 마음'입니다. '엄마랑 같이 있고 싶어요. 나를 사랑하는 거 맞아요?'를 확인하기 위해 엄마 가슴을 만지려고 하죠. 그러니 무엇보다 중요한 것은 가슴을 만지게 허락하느냐 마느냐가 아니라 '그 상황에서 아이를 대하는 엄마의 태도'입니다. 설사 가슴을 만지게 한다 해도 짜증스러운 태도라면, 아이는 '엄마가 날 사랑하는 게 맞나?' 의심하게 되고, 더 불안해집니다.

아이의 손을 잡고 단호한 태도로 만지지 못하게 할지라도, "엄마 찌찌 만지고 싶은데, 못 하게 해서 속상하지? 널 아기처럼 안아주는 건 할 수 있는데, 그렇게라도 해줄까?"라고 다정한 말투로 위로하고, 대안도 마련해주세요. 가슴을 만지지 못하게 하더라도 엄마와 연결되어 있다는 느낌(애착의 느낌)은 충분히 전달할 수 있습니다.

가슴을 못 만지게 한 뒤 아이를 위로하고, 다른 대안을 제시한다.

이렇게 해보세요

세 돌이 지나면 엄마 가슴을 만지지 못하게 해야 하지만, 아이가 세 돌 전후로 과도기에 있는 경우엔 가슴 만지는 것을 일부 허락할 수 있습니다. 이러한 시기에 집에 손님이 오거나 외출 시에는 아이를 데리고 잠깐 자리를 옮겨서, '지금은 왜 만질 수 없는지' 이유를 설명하고, 언제 어디서 만지게 할 수 있는지 알려주세요. 손님이 가신 뒤나 외출했다 돌아와, 아이와 둘만 있는 장소에서 편안하게 가슴을 만지게 허락하는 것이 좋아요. 점차 단계적으로 가슴 만지는 시간에 제한을 두면서 아이가 서서히 적응할 수 있게 도와주세요.

Mom's Tips

▶ **가슴 만지기 대신 할 수 있는 행동 알려주기**
"찌찌 만지고 싶을 땐 '안아주세요.'라고 말해. 그럼, 엄마가 꼭 안아줄게."
"엄마 가슴 만지는 건 안 되지만, 뽀뽀는 많이 해줄 수 있어."

▶ **가슴 만지지 않으면 칭찬하기**
"찌찌 안 만지고 안아달라고 했구나. 정말 잘했어. 이리 와, 안아줄게!"

▶ **규칙을 정해서 지키게 하기**
"엄마 찌찌는 자기 전에 책 읽어줄 때만 만지기로 약속하자."
"손님이 오셨을 땐 엄마 가슴 만지지 않기야. 알았지?"

▶ **규칙을 잘 지키면 칭찬하기**
"손님 오셨을 때 가슴 만지지 않고 약속 잘 지켰네. 우리 ○○ 정말 멋지다!"

▶ **남 앞에서 가슴 만지면 안 되는 이유 알려주기**
"엄마 가슴은 소중한 거라서 다른 사람 앞에선 만지면 안 돼. ○○랑 엄마랑 둘이 있을 땐 만져도 되지만, 다른 사람 앞에서 만지면 너무 창피해."

▶ **스킨십 많은 놀이 자주 하기**
"우리 로션 바르기 할까? 엄마는 ○○ 발라주고, ○○는 엄마 발라주고."
"자, 비행기 태워줄게. 배를 엄마 발 위에 올려놓고 엄마 손 잡아봐. 옳지!"

Doctor's Q&A

Q 모유를 끊고 나서 엄마 가슴을 만지기 시작해요. 애착에 문제가 있는 걸까요?

전적으로 애착과 연관된 문제입니다. 엄마 젖을 뗐더라도 엄마와 연결된 느낌을 충분히 가진 아이들은 과도하게 엄마 가슴에 집착하지 않습니다.

Q 동생이 생긴 이후로 엄마 가슴을 만집니다. 퇴행 행동으로 봐야 할까요?

아이들은 스트레스를 받고 불안해지면 엄마에게 더욱 의존하게 됩니다. 엄마가 자기 문제를 모두 해결해주는 '해결사'이기 때문이죠. 엄마가 자기를 더 많이 돌봐줬으면 하는 마음에 가슴을 만지는 등의 퇴행 행동이 나타납니다.

Q 엄마 가슴을 강제로 못 만지게 하면 대리 만족을 얻기 위해, 자기 가슴을 만지는 습관이 생기거나 자위행위를 할 수도 있나요?

엄마 가슴을 만지는 것은 아이가 '엄마와 연결된 애착의 느낌'을 통해서 위안을 얻으려는 행동입니다. 이런 행동을 하는 아이에겐 애착의 느낌을 강화해주어야 하는데, 무조건 윽박지르면서 차단하면 다른 방법을 찾게 되지요. 자위행위는 물론, 모든 종류의 퇴행 행동, 엄마에게 집착하는 행동이 심해질 수 있습니다.

안 걸을 거야

아이들이 안 걷겠다고 할 때는 걷기 힘들어서 그럴 수도 있고, 엄마에게 안기고 싶은 마음에 "걷기 싫어, 안아줘." 하는 경우도 있습니다. 안아줄 수 있는 상황이라면 상관없지만, 불가피한 상황도 있기 마련이죠. 예를 들어, 허리가 너무 아프다거나 짐을 들어야 해서 못 안아줄 수도 있으니까요. 하지만 너무 혼잡한 마트에서 아이가 걷는 것이 위험할 때는, 힘들더라도 아이를 안거나 카트에 태워야겠지요. 아이를 걷게 할지 말지를 판단할 때 제일 중요한 기준은,

(1)엄마 아빠의 컨디션 (2)아이에게 위험한 상황인지 아닌지의 여부, 이렇게 두 가지입니다.

'아이가 떼쓸까 봐' 혹은 '스트레스 받을까 봐' 무리해서 안아줄 필요는 없으며, 그래서도 안 됩니다. 억지로 요구를 들어주면 나중에 아이에게 짜증 낼 수도 있고, 떼쓰면 자기 마음대로 된다는 잘못된 생각을 아이에게 심어줄 수도 있기 때문입니다. 부모는 '아이의 욕구를 채워주는

일'도 해야 하지만, 적절한 정도의 좌절을 겪게 하고, 속상한 마음을 위로하기도 해야 합니다. 그러니 아이가 속상해하더라도 부모의 컨디션이나 상황에 맞게 대처하세요. 아이의 서운하고 속상한 마음은 나중에 잘 위로해주시면 됩니다.

11 : 걷지 않고 안아달라고 떼쓸 때

보상을 제안하며 설득하는 엄마

이러면 안 돼요_ 아이가 떼쓰는 걸 막으려고 뭔가를 사주겠다고 조건을 제시하면, 아이는 부모의 요구를 들어주는 대가로 보상받는 걸 당연하게 생각하게 됩니다. 자기가 마땅히 해야 할 일도 보상받아야 하는 일로 잘못 생각할 수 있죠. 자칫하면 '엄마가 ~해주면, 내가 ~할게.'라는 식으로, 부모에게 조건을 걸고 대가를 요구하는 일이 습관화될 수 있으니 주의하셔야 합니다.

아이의 요구를 제한하고, 계속 떼쓰면 타임아웃을 시도한다.

제한하기

어쩌지? 미안한데...
엄마가 카트 밀면서 장 봐야
해서 지금부터는 안아

요구를 들어줄 수 있는 범위가 어디까지인지 알려주자. 설득하거나 허락을 구하는 것이 아니라 '엄마는 이렇게 할 거야.'를 알려주는 것이다.

선택시키기

계속 이렇게 떼쓰면
벌서야 돼. 저기 가서 벌설래,
아니면 지금 카트 탈래?
싫어~
안아! 안아 !

제안을 수용할지 떼쓰고 혼날지 선택하게 하면, 당연히 둘 다 싫어할 것이다. 아이는 하고 싶은 대로 하면서도 혼나지 않는 걸 원하겠지만, 그런 선택은 불가능함을 알려준다.

타임아웃 (벌세우기)

엄마가 '그만.'할
때까지 여기 서 있어.
가만히 서 있어야 돼.
싫어, 싫어!

〈선택시키기〉에서 엄마 말에 수긍하면 〈위로하기〉 단계로 바로 넘어가고, 계속 떼쓰면 번잡하지 않은 장소에서 얼마간 벌을 세운다. 이때는 화내지 말고, 차분하면서도 단호한 태도를 취해야 한다.

다시 선택시키기

이제 카트 타서
엄마한테 받은 물건
카트에 넣어볼래?

벌서면서 떼쓰기가 진정되고 아이가 차분해지면 카트에 타자고 다시 제안한다. 이때 아이가 엄마 말에 수긍하면 카트에 태우고, 거부하면 다시 타임아웃을 시도한다.

위로하기

했는데 카트 타라고

처음부터 엄마의 제안을 받아들였건 안 받아들였건 아이의 속상한 마음은 위로받아야 한다. "이렇게 탈 거면서 아까는 왜 그랬어?"라며 엄마 입장에서 이야기하지 말고, 아이 입장에서 이야기하고 위로해주자.

12 : 업어달라고 매달리며 울 때

야단치다 포기하고 업어주는 엄마

이러면 안 돼요_ 야단치면서 거절해놓고 결국엔 업어준다면, 아이는 엄마가 끝까지 떼를 써야 자기 요구를 들어준다고 생각합니다. 말과 행동에 일관성이 없는 엄마의 태도는 아이에게 신뢰를 주지 못하고 부모의 권위만 떨어뜨리지요. 이렇게 되면 아이가 말을 듣지 않는 일이 점점 더 많아집니다.

적당한 좌절은 필요합니다

웬만하면 아이가 원하는 대로 해주고 싶은 게 부모 마음이지만, 부모도 어쩔 수 없는 사람입니다. 자신의 체력을 벗어나는 상황이 오면, 짜증이 절로 치밀어 오를 수 있죠. 지금 당장 아이를 달래려고 무리한 요구를 들어주다가, 나중에 별것 아닌 일로 크게 화낼 수 있습니다. 그땐 아이를 위로할 마음의 여유조차 남아 있지 않겠죠. 그러니 억지로 요구를 들어주는 데 에너지를 쓰기보다는, 아이가 속상해할 만한 상황에 놓였을 때 여유 있는 마음으로 아이의 입장을 알아주고 다독여주세요. 아이들은 적절한 정도의 좌절을 겪으면서 성장해야 하고, 스트레스를 스스로 조절하는 방법도 배워야 합니다.

아이의 마음을 공감해주면서 엄마 컨디션에 맞게 요구 범위를 제한한다.

걷기 싫은 마음, 업히고 싶은 마음을 공감해주면, 엄마가 자기 입장을 알아준다고 생각하여 마음을 열고 엄마의 다음 말에도 귀 기울이게 된다.

엄마의 입장을 아이 수준에 맞게 쉽게 풀어서 설명한다.

엄마의 컨디션을 고려해 아이의 요구를 어디까지 들어줄 수 있는지 알려준다.

이렇게 해보세요

아이가 충분히 걸어다닐 수 있는데도 평소에 유모차를 자주 사용하면, 조금만 힘들어도 걷지 않으려고 합니다. 유모차 사용 빈도를 줄이고 보행 시간을 늘리도록 도와주세요. 아이가 걷는 재미를 느낄 수 있게 공원의 지압 산책로나 아름다운 넝쿨 길, 루미나리에(빛 조명) 길 등 흥미를 끌 만한 곳을 찾아 함께 걷는 것도 좋은 방법입니다.

Mom's Tips

▶ **외출하기 전에 얼마나 걸을지, 얼마만큼 업어줄지 규칙 정하기**
"놀이터 갈 때는 혼자서 걸어가고, 집에 올 때는 엄마가 업어줄게. 약속!"

▶ **걸으면서 즐기는 간단한 게임이나 놀이, 대화 시도하기**
"저기 약국까지 걸으면 몇 걸음인지 엄마랑 숫자 세어볼까?"
"가위바위보 해서 이긴 사람이 세 걸음씩 먼저 걸어가는 게임 어때?"
"기차놀이 하면서 갈까? ○○가 앞에서 기관사 하고 엄마는 뒤에서 손님 할게. 자, '떡집 역'에서 출발! '진달래아파트 역'까지 데려다주세요!"
"저기 동물병원에 예쁜 강아지 있네? 걸어가서 강아지 구경할래?"

▶ **걷는 것을 힘들어하면 쉬었다 가자고 권하기**
"다리 아프니? 엄마도 힘드네. 우리 여기서 잠깐 쉬었다 가자."

▶ **피곤해할 때는 밖에 오래 있지 말고 달래서 집에 데려가기**
"○○도 힘들고 엄마도 힘드니까 집에 가자. 우리 아이스크림 먹으면서 갈까?"

▶ **혼자서 잘 걸으면 칭찬하기**
"와! 병원에서 집까지 혼자서 많이 걸었네? 나중에 아빠한테 자랑해야겠다!"

Doctor's Q&A

Q 평소 집에 있을 땐 얌전한 편인데, 외출하면 안아달라 아우성입니다. 평소 아이에게 무뚝뚝한 편인데, 애정이 부족해서 그럴까요?

두 가지 이유를 생각해볼 수 있습니다. 첫째, 엄마가 집안일 등에 우선순위를 두는 경우, 아이가 집에 있을 때는 '내가 말해봐야 엄마가 들어주지도 않을 텐데…….' 하는 생각에 떼쓰는 것을 어느 정도 포기하죠. 하지만 외출했을 때나 손님이 있을 때는 떼써도 엄마가 받아준다는 걸 알고 참아왔던 욕구를 '떼쓰기'로 분출하곤 합니다. 둘째, 아이의 체력 문제일 수도 있어요. 집에 얌전히 앉아서 노는 데만 익숙해서, 밖에 나가서 걸어다니는 게 또래 아이들보다 더 힘들 수도 있지요. 그럴 경우엔, 평소에 즐거운 바깥 활동을 통해서 체력부터 키워주는 것이 우선입니다.

장난감 사줘

아이들은 장난감을 사는 데 필요한 돈의 가치가 어느 정도인지 잘 모르기 때문에 돈의 개념부터 조금씩 배워나가야 합니다. 예를 들어, 비싼 물건은 쉽게 살 수 있는 것이 아니라든가, 아무 때나 원하는 장난감을 살 수 없다는 것 등을 말이죠. 다만 '갖고 싶은 물건을 엄마 아빠가 안 사주는 것이 나를 사랑하지 않아서'가 아니라는 건 확실히 알게 해야겠지요. '안 사주기' + '무섭게 혼내기'가 늘 병행된다면 '나를 사랑하지 않아서 그러나?'라는 오해가 굳어질 수 있습니다. 그러므로 '안 사주는구나.'와 '그래도 엄마 아빠가 내 마음은 알아주네.'라는 느낌을 동시에 가질 수 있도록 해야 합니다. 사주지 않고 집에 돌아오는 길에 '얼마나 가지고 싶었는지', '그걸 안 사줘서 얼마나 속상했는지'에 대해서 '그래, 충분히 그럴 수 있겠다.' 하고 잘 공감해주세요. 아이를 붙잡고 그 물건이 왜 필요 없었고 왜 사주지 않았는지 집요하게 설명하거나 설득하지 마세요. 사주지 않은 것만으로도 훈육은 충분히 이루어진 셈이니까요.

13 : 장난감 집어 들고 사달라고 떼쓸 때

무조건 '안 돼'라며 야단치는 엄마

이러면 안 돼요_ 떼쓰기 시작할 때 야단부터 치면 아이가 점점 더 심하게 떼씁니다. 이런 상황이 벌어지면 인내심이 한계에 다다라 아이를 그 자리에 버려두고 떠나는 제스처를 취하게 되지요. 그러나 이러한 대응은 아이에게 부모로부터 버림받는 느낌, 사랑받지 못하는 느낌을 주어 떼쓰는 행동을 더욱 강화시킬 뿐입니다.

떼쓸 때 부모의 반응이 중요해요

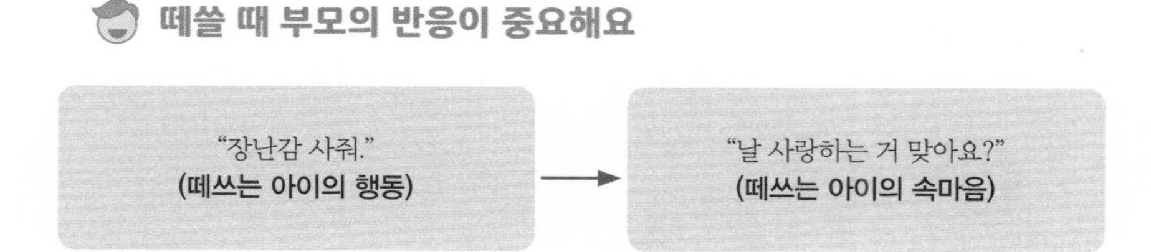

떼쓸 때 부모의 반응과 그 결과

부모의 반응	아이의 생각	결과
❶ 화내지 않고 사주기	'떼쓰면 뭐든지 되는구나.'	참을성이 없어짐
❷ 짜증스럽게 사주기	'사줬지만 사랑하진 않는구나.'	장난감 사는 데 더 집착함
❸ 화내면서 안 사주기	'사랑하지 않는구나.'	더 집착하거나 포기하고 우울해짐
❹ 사주지 않더라도 마음 알아주기	'안 사줬지만 사랑하는구나.'	집착하지 않거나 집착이 줄어듦

마음은 알아주되 부드러운 엄격함으로 요구를 거절하고 대안을 제시한다.

○○야, 이 공주놀이 세트 갖고 싶어?
응, 이거 사줘.
공주 놀이 세트

자세를 낮추고 마주 보면서 마음을 알아주며 대화한다.

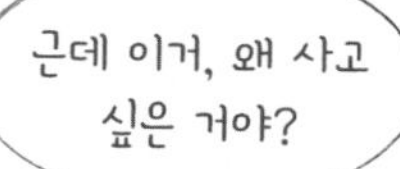

근데 이거, 왜 사고 싶은 거야?

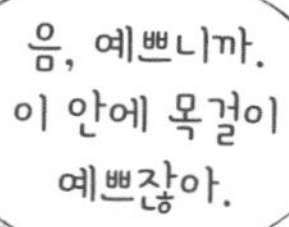

응, 예쁘니까. 이 안에 목걸이 예쁘잖아.

갖고 싶은 물건이 있을 때는 왜 사려고 하는지 이유를 물어보자. 사고 싶은 이유를 스스로 생각하는 연습을 통해, 눈에 보이는 물건을 무조건 사는 게 아니라는 걸 자연스럽게 배울 수 있다.

어, 그래, 예쁘네. 집에 다른 목걸이도 많은데 이것도 갖고 싶었어?
응, 이렇게 생긴 목걸이 없잖아.
공주 놀이 세트

엄마가 판단하기 전에, 아이에게 좀 더 구체적인 질문을 하자. 아이 나름의 생각과 이유를 알게 될 것이다. 아이의 생각을 존중해줘야 아이 역시 엄마의 제안이나 요구를 더 잘 받아들인다.

그렇구나. 근데 오늘은 장난감 사는 날이 아니니까 이렇게 할까? 공주 놀이 세트를 사진 찍는 거야. 다음에 아빠랑 마트 올 때 안 잊어버리고 사게.
그럼, 아빠랑 올 때 꼭 사는 거지? 약속해, 엄마!
공주 놀

계획대로 물건 사는 과정을 경험하게 하자. 아이가 사고 싶은 장난감을 모두 사진으로 찍어두었다가, 집에 돌아가서 어떤 게 꼭 갖고 싶고 필요한지 천천히 생각하며 고르게 한다.

예측할 수 있게 하세요

이번에 사주지 않으면 (1)앞으로도 안 사줄 건지, (2)다음엔 살 수 있는지, (3)다음에 살 수 있다면 언제 가능한지 아이에게 알려주는 것이 좋습니다. 보통은 어린이날, 크리스마스, 생일 때 장난감 선물을 받게 되니까 "오늘은 안 되지만, 한 달 뒤 어린이날에는 살 수 있어." 등의 말로 아이가 예측할 수 있게 하세요. 막연하게 "다음에 사줄게." 하면서 상황을 모면하려는 행동은 서로 간의 신뢰 형성에 좋지 않습니다.

이렇게 해보세요

아이가 사달라는 대로 무분별하게 사주는 것도 문제지만, 절제하는 습관을 길러야 한다며 아이의 소유욕을 너무 억누르는 것도 좋지 않습니다. 요즘처럼 소비 유혹으로 가득한 환경에서 무조건 참으라고 하기는 어렵지요. 아이를 억압할수록 오히려 욕구가 더 커져서 남의 물건에 욕심내거나 부모 돈을 몰래 가져가 쓰는 등의 문제가 생길 수 있습니다.

그러니 소유욕을 지나치게 제한하지 말고, 부모와 아이 모두가 인정하고 만족할 만한 적당한 기준을 정한 뒤 실천에 옮겨보세요. 보통 주말마다 온가족이 대형마트에 가는 일이 많은데, 그런 곳은 소비 욕구를 끊임없이 자극하므로 가는 횟수를 되도록 줄이는 편이 좋습니다.

14 : 바닥에 주저앉아 떼 부릴 때

남 보기 창피하고 힘들어서 요구 들어주는 아빠

이러면 안 돼요_ 사람들 많은 곳에서 아이가 떼를 쓰면, 남들 보기 창피해서 아이의 요구를 마지못해 들어주기 쉽지요. 그러나 이런 식으로 대처하면 떼쓰는 버릇만 키우게 됩니다.

단호해야 합니다

"안 사준다."고 말했다면, 아이가 아무리 떼를 써도 사주지 않는 것, 그것이 '엄격함'입니다. 호되게 혼내다가 아이가 점점 안쓰러워져서 "이번만 봐줄 테니까 다음부터는 그렇게 하지 말자."고 하는 것은 아이에게 '떼쓰면 또 이렇게 내 맘대로 되겠구나.' 하는 기대를 키워주지요. 하지만 엄격함을 위해서 반드시 무섭게 훈육할 필요는 없습니다. 설명하고 설득해도 계속 떼를 쓴다면, 화낼 필요 없이 아이를 데리고 즉시 그 자리를 떠나서 타임아웃을 하거나, 집으로 돌아오는 것이 '화내지 않는 엄격함'을 실천하는 방법입니다.

심호흡하고 마음을 가라앉힌 뒤, 조용한 곳에 데려가 차분하고 단호하게 이야기한다.

계속 울고 떼쓰면 아이로부터 약간 떨어져서 어떠한 반응도 보이지 말고 기다린다. 그래도 울음을 그치지 않으면 쇼핑을 과감히 포기하고 집으로 돌아간다.

안 되겠다.
오늘은 집에 가자.
집에 돌아가는 일을 단호하게 실행에 옮기면, 아이는 부모가 자신에게 했던 이야기가 단순한 협박이 아니라는 걸 깨닫고 서서히 자신의 행동을 고쳐나가게 된다.
○○야, 아까 그 장난감 갖고 싶었구나. 많이 속상해? 안 사줘서 아빠 미웠겠다.
집에 돌아와서

훈육은 행동으로, 위로는 말로 하세요

사달라는 물건을 사주지 않고 단호하게 집에 돌아오는 행동을 반복하면, 아이는 '떼써 봐야 내 뜻대로 되는 게 아니네.'라는 것을 깨닫게 됩니다. 훈육은 부모의 단호한 행동이 반복되어야 가능합니다. "그런 식으로 떼써도 소용없어! 또 혼 좀 나야 정신 차릴래?" 등의 위협적인 말로 훈육되는 것이 결코 아닙니다.

훈육한 이유는 설명하지 말고 '네가 그 장난감을 얼마나 갖고 싶었는지', '그 장난감을 못 사고 집에 돌아와서 엄마 아빠가 얼마나 원망스러웠는지' 이야기 나누세요. 그리고 "그래, 정말 그럴 수 있겠다." 하고 공감해주세요. 아이건 어른이건, 사람은 '내 마음을 알아주는 사람의 가치관'을 받아들이기 쉽습니다. 아이가 엄마 아빠를 '내 마음 알아주는 사람'으로 느낄 수 있게 해주세요.

이렇게 해보세요

아이의 떼쓰는 모습에 쉽게 흔들리지 않는 감정 조절력과, 단호하면서도 부드러운 태도가 부모에겐 반드시 필요합니다. 단호한 어투나 표정 등을 평소에 거울을 보면서 연습해보세요. 아이와의 갈등 상황에서 유연하게 대처해야 할 때 도움이 될 거예요. 물건에 대한 소유욕이 생기는 건 자아가 발달해가는 자연스러운 과정이니 이를 인정하고 잘 조절해주세요. 그러려면 아이도 만족하고 부모도 수용할 수 있는 기준을 함께 정하고, 그것을 일관되게 생활 속에서 지켜나가는 일이 중요합니다.

Mom's Tips

▶ **계획을 세워 장난감 구입하기**

"갖고 싶은 장난감은 여기에 적어두자. 글씨 대신 그림 그려도 되고, 사진을 오려 붙여도 돼. 다음에 엄마 아빠랑 의논해서 약속한 날 사는 거야."

▶ **무엇을 살지 외출 전에 미리 약속하기**

"지금 마트 가면 먹을 거랑 네 색연필 살 거야. 그거 말고 다른 건 안 사. 혹시 다른 거 사자고 조르면 엄마랑 바로 집에 와야 돼. 약속하자."

▶ **사주지 않기로 했다면 맛있는 음식으로 관심 전환시키기**

"오늘은 장난감 안 사. 참, ○○ 무슨 과자 좋아하지? 저기 가서 과자 볼까?"

▶ **장난감 파는 장소를 벗어나 다른 곳으로 관심 돌리기**

"햄스터랑 토끼가 어디 있더라? 아! 저기 있다! 가서 구경하자!"

▶ **심하게 떼쓰면 좋아하는 장난감 압수하기**

☞ 장난감 사달라고 심하게 떼쓸 경우 사용할 수 있는 방법이다.

"만약에 약속하지 않은 장난감을 사겠다고 떼쓰면 ○○가 제일 좋아하는 장난감 가져가서 다섯 밤 잘 때까지 못 갖고 놀아."

▶ **약속은 반드시 지킬 수 있는 것으로 정하기**

"약속 안 지키면 일요일까지 게임 못 하는 거야." ▶ Yes (실천 가능)

"약속 안 지키면 앞으로 절대 게임 못 하는 거야." ▶ No (실천 불가능)

▶ **떼쓰지 않고 약속 지키면 칭찬하기**

"사달라고 울지도 않고 정말 기특하다. 약속 잘 지켜서 아빠 기분 최고야!"

Doctor's Q&A

Q 장난감을 사주면 잘 갖고 놀지도 않으면서 끊임없이 새로운 장난감을 사달라고 심하게 보챕니다. 아이에게 문제가 있는 걸까요?

사람들은 누구나 사랑받고 싶은 욕구가 있고, 그 욕구를 물건 사는 것으로 충족시키고 싶을 때가 있죠. 엄마들도 사고 싶은 물건을 남편이 못 사게 하면 남편이 나를 아끼지 않는 것처럼 생각되어 서운하기도 해요. 하지만 사랑받고 싶은 욕구를 반드시 물건 사는 일로 충족시켜야 하는 건 아닙니다. 사랑받고 싶은 욕구는 어떤 방식이건 '사랑받는 느낌'으로 충족될 수 있으니까요. 그런데 장난감 사는 데 집착하는 아이들은, 대개 떼쓰다가 혼날 때가 많기 때문에 장난감은 사더라도 부모로부터 사랑받는 느낌보다는 혼이 나서 '사랑받지 못하는 느낌'을 받게 됩니다. 그래서 더욱더 장난감 사는 것에 집착하게 되지요. 부모 입장에서는 '사달라는 거 사줬는데, 뭐가 더 부족한 거냐?'라고 생각할 수 있지만, 아이에게 정말로 필요했던 건 장난감이 아니라 '사랑받는 느낌'입니다. 장난감 사는 것에 지나치게 집착하는 아이라면, 평소 부모와 생활하면서 스킨십 혹은 부모와의 놀이 시간을 통해 애정 욕구를 충분히 채울 수 있게 도와야 합니다.

가지 마 (분리불안)

아이는 자라면서 엄마로부터 물리적인 도움, 정서적인 만족, 위안 등 대부분을 받기 때문에, 아이에겐 엄마가 제일 소중하지요. 그러니 '나에게 가장 소중하고 필요한 존재'인 엄마와 떨어지는 게 힘든 건 너무나 당연합니다. 두세 돌 아이가 엄마와 너무 쉽게 떨어진다면 오히려 그게 더 문제라고 할 수 있죠. 아이들은 보통 세 돌이 넘으면 '엄마가 내 옆에 없어도, 필요할 땐 도와줄 거야.'라는 단단한 믿음이 생겨나면서 점차 엄마와의 분리가 가능해집니다.

4~6살이 지나도 엄마와의 분리에 심한 불안을 보인다면 '엄마와의 관계에 대한 믿음'이 부족하다고 볼 수 있습니다. 그러니 아이에게 '엄마는 나를 언제나 도와줄 수 있는 사람'이라는 믿음을 강화시켜 주세요. 그러기 위해서는 (1)아이와 잠시라도 떨어질 때는 반드시 미리 설명해서 엄마와의 헤어짐을 예측 가능하게 하세요. (2)엄마와 다시 만나게 되는 순간도 미리 예측할 수 있게 시계 등을 이용하세요. (3)엄마와 떨어져

있어도 '연결되어 있는 느낌'을 가질 수 있게 도와주세요.

15 : 어린이집에서 안 떨어지려고 할 때

아이가 안쓰러워 출근 못 하고 쩔쩔매는 엄마

우는 아이 달래느라 30분이 흐르고

이러면 안 돼요_ 아이가 운다고 엄마가 안절부절못하며 마음 약한 모습을 보이면 아이는 더 불안해지고, 혹시나 하는 기대를 가지고 더욱 기를 쓰며 엄마를 가지 못하게 막을 겁니다. 어차피 헤어져야 하는데 머뭇거리며 설명하는 시간이 자꾸 길어지면, 아이의 불안도 악화되고 교사도 그만큼 힘들어집니다.

두 가지를 기억하세요

(1) 예측 가능하게 하세요

아이가 엄마와의 분리 과정에서 너무 울고 힘들어할까 봐 아예 아이가 잠들어 있는 사이 출근하거나, 재미있는 장난감을 주고서 '엄마가 언제 사라졌는지 모르게' 슬쩍 출근하는 분들이 있죠. 아이가 속상해하는 것을 보는 일은 부모로서 마음 불편하긴 하지만, 아이와 엄마의 '분리와 재결합'은 예측 가능해야 하고, 충분히 위로받아야 합니다.

(2) 아이 스스로가 감당해야 하는 몫도 있습니다

아이가 눈물을 그치기 전에는 차마 떠나질 못하는 분들이 있습니다. 미리 설명하고 위로해주어 아이가 잘 이해한 것 같더라도, 막상 엄마와 떨어지는 순간이 오면 아이는 다시 울고 보챌 수 있죠. 엄마의 위로가 도움이 되는 건 맞지만, 위로받는다고 해서 속상한 마음이 금방 풀리는 건 아닙니다. 마음이 추슬러지려면 시간도 필요하고요. '속상함을 견디는 것'도 어느 정도는 아이의 몫이에요. 충분히 설명하고 위로했다면, 아이의 눈물이 멈추지 않더라도 단호하게 떠날 수 있어야 합니다.

침착하고 단호한 태도로 짧게 인사하고 빨리 헤어진다.

이렇게 해보세요

조부모가 키우다가 집에 데려온 경우

아이는 애착 대상인 조부모와 헤어지면서 분리불안을 느끼게 되는데, 엄마가 아이의 정서 상태를 고려하지 않고 버릇을 고치려고 엄하게 대하면, 아이의 불안감이 더 커져서 자주 울고 떼를 부려 엄마를 힘들게 할 수 있어요. 그렇게 되면 아이와의 관계가 악화되기 쉽죠. 부모와 오래 떨어져 있던 아이와는 친해지는 게 우선이며, 안정된 유대 관계를 맺기 위해 노력해야 합니다.

가장 빨리 관계를 개선하고 아이를 안정시키는 효과적인 방법은 신나게 놀아주는 일입니다. 아이는 놀이로 자신의 마음을 표현하고 엄마의 사랑을 확인할 수 있으며, 엄마는 놀이를 통해 아이의 마음을 더 잘 이해하게 되지요. 아이가 놀이를 통해 불안감을 해소하고 극복할 수 있게 적극 도와주세요.

엄마와 한 번도 떨어져본 일이 없는 경우

엄마와 떨어지는 게 어떤 일인지 예측할 수 없기 때문에, 엄마와 헤어지게 되면 다시는 보지 못할 것 같고, 다시 만날 수 있다는 확신이 없어 힘들어하지요. 그럴 때는 아이에게 성공적으로 엄마와 떨어져 있었던 경험이 필요합니다. 아이가 신뢰할 수 있는 친숙한 어른과 엄마 없이 잘 지내는 경험을 해보면, 엄마가 없어도 잘 지낼 수 있고 엄마와 다시 만날 수 있다는 믿음과 확신을 가지게 되지요.

엄마와 처음 헤어질 때는 아이의 집이나 조부모의 집 등 아이에게 친숙한 장소에서 헤어지는 것이 가장 좋아요. 그래야 안정감을 느끼기 때문에 덜 불안한 상태에서 엄마와 떨어질 수 있답니다.

엄마가 육아에 지친 경우

엄마라면 누구나 아이가 사랑스럽다가도 고집부리고 반항하면 '애는 왜 낳아서 이 고생일까.' 생각하며 부모로서의 책임과 의무에 짓눌릴 때가 있죠. 아이의 존재가 버겁고 부담스럽게 느껴지면 아이를 돌볼 때도 짜증스러운 마음이 들곤 합니다. 그러나 이런 마음으로 아이를 대하는 일이 점점 많아지면 안정된 애착 관계를 맺지 못해 아이가 다른 아이들보다 더 심한 분리불안을 겪을 수 있습니다. 아이가 유난히 엄마와 떨어지는 걸 못 견딘다면, 평소 엄마 자신이 아이를 어떤 마음으로 대하고 있는지, 또는 대리 양육자가 아이를 어떻게 대하고 있는지 점검해보세요.

16 : 잠깐 쓰레기 버리러 나가지도 못하게 떼쓸 때

화내며 소리 지르는 엄마

이러면 안 돼요_ 짜증 내고 화내며 아이를 억지로 떼어놓으면, 아이는 엄마가 자기를 싫어해서 그런다고 오해할 수 있습니다. 이렇게 되면 아이는 불안해져서 엄마와 떨어지는 것을 더욱 강하게 거부하고 심하게 떼를 쓰게 됩니다.

아이에게 확인시켜 주세요

분리되는 순간에 적절히 설명하고 예측할 수 있게 하는 것이 좋은데, 아이들은 아직 시간 개념이 부족해서, 엄마가 "잠깐이면 돼.", "5분이면 돼."라고 말하는 게 어느 정도의 시간인지 잘 모릅니다. 그래서 아이들이 눈으로 확인하거나, 몸으로 느낄 수 있는 방법으로 알려주는 게 좋습니다. 예를 들어 "긴바늘이 3에 오면 엄마가 올 거야.","뽀로로 한 편 다 끝나기 전에 엄마가 올 거야." 등 아이가 이해할 수 있게 구체적으로 말해 주세요.

'엄마가 지금은 눈앞에 보이지 않더라도 연결된 느낌'을 주는 것도 좋습니다. 예를 들면 영상 또는 음성 통화를 할 수도 있고, 아이에게 전화기를 쥐어주고 언제라도 전화할 수 있도록 해주면, 실제로 통화를 하진 않더라도 '엄마와 연결된 느낌'을 주어 불안을 덜어줄 수 있죠. 엄마와 함께 찍은 사진을 지니게 해서, 보고 싶을 때마다 꺼내서 보게 하는 방법도 괜찮습니다.

모래시계를 이용해 엄마의 부재 시간을 예측하게 한다.

이렇게 해보세요

모래시계가 흥미를 가지고 일정 시간 집중할 수 있는 도구라서 유용하지만, 모래시계가 없다면 바늘 있는 손목시계를 아이 손에 쥐어주세요.

긴바늘이 숫자 몇에 올 때까지 기다리라고 이야기하면 됩니다. 벽시계를 활용해도 되지만, 아이가 계속 벽 쪽을 쳐다보며 기다리게 하는 것보다 손목시계나 스마트폰 같은 어른 소지품을 주는 게 더 효과적이에요. 호기심에 들여다보면서 시간 가는 줄 모르고 기다릴 수 있으니까요.

Mom's Tips

▶ **헤어지기 전에 부모의 행동을 예측할 수 있게 알려주기**
"엄마 화장실 갔다 올게. 여기서 잠깐 놀고 있어."
"넌 오늘 유치원에서 그림 그리지? 엄마는 회사에서 컴퓨터로 일해."

▶ **반드시 인사하고 헤어지기**
"엄마 병원 갔다가 점심 때 올게. 할머니랑 잘 지내고 있어!"

▶ **주말에 회사 구경시켜 주기**
"○○가 어린이집에서 놀 때, 엄마는 여기서 일하는 거야."

▶ **전화로 사랑 표현하기**
"이모랑 재미있게 놀고 있니? ○○ 보고 싶어서 전화했어. 사랑해!"

▶ **헤어지는 상황을 역할놀이나 인형놀이로 표현하기**
☞ 아이가 자연스럽게 자신의 마음을 표현해 불안을 해소하고, 엄마 역할을 해보면서 엄마 입장을 이해하는 기회도 된다. 엄마는 놀이를 통해 아이에게 사랑을 표현하면서 정서적 안정감을 줄 수 있다.
엄마: "엄마는 ○○가 되고, ○○는 엄마가 돼볼까? 자, 시작한다.엄마, 엄마, 가지 마~ 엄마 가는 거 싫어. 같이 있고 싶어. 가지 마!"
아이: "엄마가 회사 가야 너 맛있는 거 사주지. 그러니까 가야 돼."

▶ **엄마와 떨어지는 상황을 다룬 동화책 읽어주기**
"책 속의 주인공도 엄마랑 잠깐 헤어져야 하나 봐. 한번 읽어볼까?"

▶ **함께 찍은 사진이 들어간 물건 나눠 가지기**

"엄마 보고 싶을 땐 이거 보면 돼. 엄마도 이 목걸이에 있는 사진 보면서 ○○ 생각 할게."

▶ **다시 만났을 때 반갑게 안아주고 칭찬하기**
"우리 ○○가 엄마 없을 때 잘 참고 기다려줘서 정말 기뻐. 고마워!"

▶ **원하는 것 사주겠다며 회유하지 않기**
☞ 물건을 사주겠다고 달래면 아이를 잠시 안정시킬 순 있지만, 장기적으로는 부작용을 일으킬 수 있으니 주의한다. 떼쓰는 행동으로 원하는 걸 얻을 수 있다고 생각할 수 있다.
"울음 그치면 엄마가 나중에 장난감 사줄게." ▶No

추천할 만한 그림책

회사 가지 마! (정수은, 초록우체통): 바쁜 엄마 때문에 늘 서운한 아이와 회사 일과 집안일로 정신없는 엄마. 두 사람의 마음을 잘 표현한 그림책.
엄마, 회사 가지 마세요! (안나 카살리스, 키득키득): 엄마가 출근해서 소외감을 느끼던 생쥐 또또가 어린이집에서의 특별한 놀이로 엄마를 이해하게 되는 이야기.
엄마 가슴 속엔 언제나 네가 있단다 (몰리 뱅, 열린어린이): 아이와 떨어져 있어도 늘 엄마 마음속에 자리한 아이의 모습을 그림에 담아낸, 칼데콧 상 수상 작가의 책.

Doctor's Q&A

Q 외할머니에게 맡겼던 아이를 어린이집에 보내려고 데려왔는데, 아침마다 회사 가지 말라고 떼를 써서 너무 힘드네요. 회사를 그만둬야 하나 고민할 정도입니다.

엄마 아빠와 함께 살지 않고 외할머니가 그동안 아이를 키워주셨다면, 아이에게는 외할머니가 '심리적인 엄마'였을 겁니다. '원래의 엄마'와 갑자기 헤어져서 살게 되는 것도 아이에게는 엄청난 스트레스일 텐데, '새로운 엄마'와 충분한 유대감이 생기기도 전에 어린이집을 다니기 시작한다면, 아이의 불안과 고통이 몇 배 가중되었을 것 같네요. 무엇보다 이런 일이 생기지 않도록 미리 예방하는 것이 가장 좋습니다. 아이가 엄마와의 유대감을 순탄하게 다질 수 있게 과도기 과정을 거치는 것이죠. 수개월 정도는 외할머니가 집에서 함께 지내면서 적응 과정을 도와주세요. 만약 아이의 분리불안이 너무 심하다면, 수개월 정도의 휴직을 통해서 엄마가 아이의 '심리적인 엄마'로 확실히 자리매김하는 기간을 가져보는 것도 좋습니다.

Q 아이와 한 번도 떨어져 지낸 적이 없는데, 뭐가 불안해서 잠깐 떨어지는 것도 못 견디고 매달리는지 모르겠어요. 아이한테 문제가 있는 걸까요?

'아이에게 문제'가 있는 것인지, '엄마에게 문제'가 있는 것인지 확실히 알 수는 없습니다. 하지만 3~6세 아이가 그동안 엄마와 떨어져 지낸 적이 없는데 잠시 동안의 분리도 어렵다면, '엄마에 대한 아이의 믿음과 유대감'에는 문제가 있다고 말할 수 있습니다. 물리적으로는 떨어져 지내지 않더라도 정서적인 유대감이 충분하지 않을 수도 있으니까요. 주말부부로 지내면서도 서로에 대한 신뢰와 유대감이 강한 부부가 있고, 항상 같이 살면서도 정서적으로는 소원한 부부가 있는 것과 비슷하다고 생각하시면 됩니다.

Q 아이가 잘 때 잠깐 집을 비워서 많이 놀란 적이 있어요. 그 이후론 엄마가 집에 있어도 불안해하고, 잠시라도 안 보이면 찾으러 다녀요. 아이가 나아지려면 어떻게 해야 할까요?

믿음에 손상이 가면, 회복하기까지 어느 정도의 시간이 필요합니다. 아이가 엄마의 외출 계획을 알고 있는 상태에서는, 비록 속상하더라도 엄마의 외출이 신뢰에 손상까지는 주지 않죠. 그러나 엄마가 자기가 모르는 사이에 외출한 걸 알게 되면 아이는 '언제라도 엄마가 나 모르게 사라질 수 있다.'는 생각에 한동안 분리불안이 심해질 수 있습니다. 아이의 분리불안이 가라앉으려면, 당분간은 엄마의 행방을 항상 예측할 수 있게 하세요. 예를 들어 옆방에 가더라도 "엄마 지금 옆방에 갔다 올게.", "엄마 지금 화장실 간다."라고 말해주는 것이 좋습니다.

어린이집 안 가 (36개월 이전)

아이가 어린이집을 안 가겠다고 떼쓰면 어떻게 대응해야 할지 참 난감해집니다. 특히 맞벌이 가정의 경우, 출근 시간은 정해져 있는데 아이를 진정시키고 설득할 시간이 없어서 부모님들이 애를 태우곤 하지요. 제일 중요한 것은 '예방'이지만, 많은 분들이 아이를 처음 어린이집 보낼 때 이 부분을 놓치거나 소홀히 하여 아이와 실랑이가 벌어지곤 합니다.

부모와 떨어져서 어린이집을 잘 다니게 하려면 무엇보다 어린이집에 처음 보내기 전에 아이가 마음의 준비를 할 수 있게 충분히 설명해야 합니다. 다만 어린아이들은 언어적인 설명을 잘 이해하지 못하죠. 그래서 말로 백 번 설명하는 것보다 두세 번이라도 인형으로 상황을 직접 시연하면서 이야기해주는 것이 좋습니다. 아침에 일어나 엄마와 함께 집을 나서고, 어린이집에 가서 엄마와 헤어지고, 친구들과 놀고 나서 엄마를 다시 만나는 과정을 인형극으로 간접경험 하게 도와주세요. (123쪽의 〈보육기관 다니기 전에 필요한 마음 준비 놀이법〉 참고)

이러한 방법은 현재 어린이집을 다니는 아이가 어린이집 안 가겠다며 울고 떼쓸 때에도 사용할 수 있지만, 가능하면 예방적으로 사용하는 게 훨씬 더 효과적입니다. 인형극을 통해 어린이집에서의 새로운 생활을 예측할 수 있어, 부모와의 애착 감정에 대한 손상이나 분리불안을 최소화할 수 있기 때문입니다.

17 : 어린이집 안 가겠다고 울며 떼쓸 때

협박하고 다그치는 맞벌이 엄마

이러면 안 돼요_ 아침에 출근해야 하는 엄마들은 아이가 떼쓰기 시작하면, 우선 급한 마음에 뭔가를 사주겠다며 설득하기도 하고, 집에 혼자 두고 가버리겠다고 협박하기도 합니다. 그러나 자꾸 뭔가를 사주겠다며 보상을 제시하면, 떼를 써서 원하는 걸 얻을 수 있다는 잘못된 생각에 빠질 수 있고요. 협박하고 야단치면 아이의 불안감만 높아져서 엄마와 떨어지는 것이 점점 더 힘들어질 수 있습니다. '엄마가 무섭게 혼내며 어린이집 보내는 상황'에서 아이가 엄마와의 애착 감정에 손상을 입으면, 회복 과정에서 부모의 노력이 많이 들어가야 된다는 사실을 잊지 마세요.

'긴 시간의 설득'보다는 '포기시킨 뒤의 위로'가 더 중요해요

엄마와 떨어지기 싫어하는 아이라면, 아무리 시간을 들여 설득한다 해도 아이가 흔쾌히 받아들이긴 어려울 겁니다. 물론 아이가 편하게 수긍하면 좋겠지만, 그렇지 못할 땐 버티는 아이를 계속 설득하면서 달래지 마세요. 대신 억지로 번쩍 안아서라도 집 밖으로 나오세요. '내가 떼써 봐야 어쩔 수 없이 어린이집은 갈 수밖에 없구나.' 하는 것을 아이가 받아들이게 해야 합니다. 계속 설득하다가 시간만 흐르고 출근 시간이 늦어지면, 엄마도 점점 짜증이 나서 결국 아이에게 화를 내기 쉽습니다.

아이가 '엄마와의 헤어짐'을 힘들어하는 이유는 '엄마와의 유대감이 끊어지는 상황'으로 느끼기 때문인데, 이럴 때 화난 엄마의 모습은 아이를 더 불안하게 만들고, 분리불안도 점점 더 심해질 수밖에 없습니다. 그러니 한정된 시간을 아이와 실랑이하는 데 사용하지 말고, 아이를 위로해주는 데 사용하세요. 집에서부터 계속 떼쓰던 아이도 강제로 집을 나와 일단 어린이집에 도착하면 '어쩔 수 없구나. 정말 어린이집 들어가야 하는구나.' 하며 체념하게 됩니다. 이때 엄마가 아이에게 따뜻한 위로를 해주어 '엄마와 물리적으로 헤어지지만, 감정적인 유대감까지 끊어지는 건 아니라는 느낌'을 주셔야 합니다.

억지로라도 어린이집에 데려가면서 마음을 알아준다.

아이와의 충돌이 예상되면, 억지로라도 아이를 안고 조금 일찍 집을 나오는 것이 좋다. 그래야 마음이 조급해지지 않고, 여유 있게 아이 마음을 알아주고 위로할 수 있다.

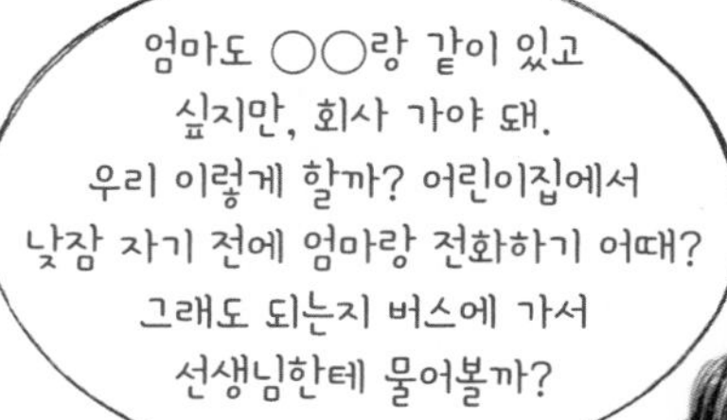

엄마도 ○○랑 같이 있고
싶지만, 회사 가야 돼.
우리 이렇게 할까? 어린이집에서
낮잠 자기 전에 엄마랑 전화하기 어때?
그래도 되는지 버스에 가서
선생님한테 물어볼까?

엄마와 헤어져야 한다는 사실은 명확히 밝히되, 엄마와 감정적으로 연결되어 있다는 걸 느낄 수 있게 구체적인 방법을 찾아 제시한다.

잠시 후

가서 재미있게 놀고,
이따가 전화하자!
★ 어린이집

떼쓸 때 부모의 대응이 중요해요

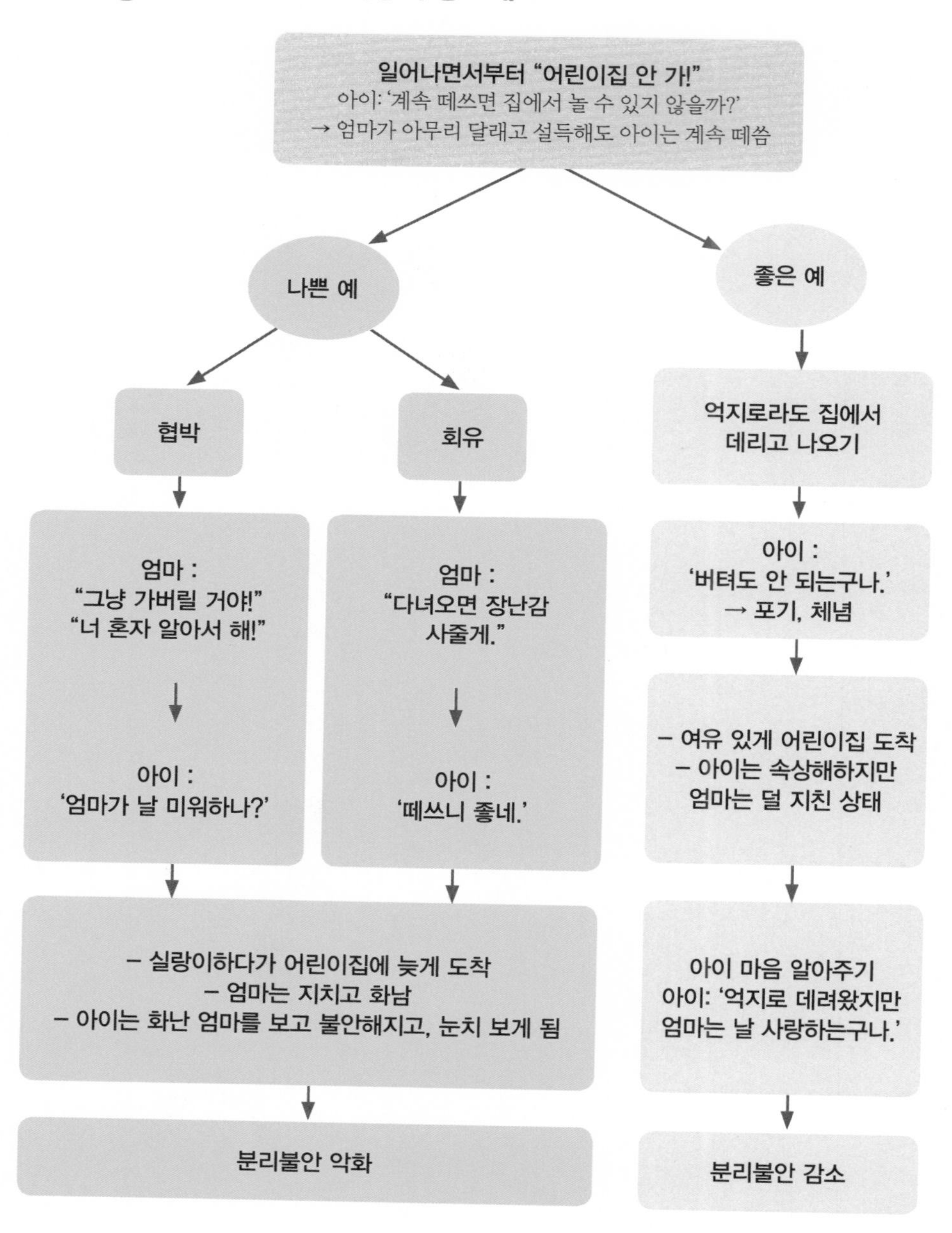

일어나면서부터 "어린이집 안 가!"
아이: '계속 떼쓰면 집에서 놀 수 있지 않을까?'
→ 엄마가 아무리 달래고 설득해도 아이는 계속 떼씀
나쁜 예
좋은 예
협박
회유
엄마 : "그냥 가버릴 거야!" "너 혼자 알아서 해!"
아이 : '엄마가 날 미워하나?'
엄마 : "다녀오면 장난감 사줄게."
아이 : '떼쓰니 좋네.'
– 실랑이하다가 어린이집에 늦게 도착
– 엄마는 지치고 화남
– 아이는 화난 엄마를 보고 불안해지고, 눈치 보게 됨
분리불안 악화
억지로라도 집에서 데리고 나오기
아이 : '버텨도 안 되는구나.' → 포기, 체념
– 여유 있게 어린이집 도착
– 아이는 속상해하지만 엄마는 덜 지친 상태
아이 마음 알아주기
아이: '억지로 데려왔지만 엄마는 날 사랑하는구나.'
분리불안 감소

18 : 어린이집 안 가겠다고 심하게 떼쓸 때

포기하고 결석시키는 만삭 엄마

잠시 후

이러면 안 돼요_ 첫아이가 서너 살쯤 되면 엄마가 둘째를 임신하고, 출산 전에 아이를 어린이집에 보내기 시작하는 경우가 많지요. 어린이집에 가면서 아이는, 동생에게 엄마를 빼앗기는 기분이 들고, 자기만 어린이집으로 내몰리는 것 같아 더욱 반항적으로 떼를 부릴 수 있습니다. 그러잖아도 곧 태어날 동생 때문에 마음이 불안한데, 동생이 흉본다, 동생 보기에 창피하다는 말로 자극하면, 아이는 더더욱 어린이집에 가기 싫어하고, 동생에 대해 부정적인 감정이 쌓일 수 있지요. 또한 떼쓴다고 어린이집 보내는 걸 자꾸 포기하고 결석시키면, 아이는 고집을 부리면 자기가 원하는 걸 얻을 수 있다고 생각하고, 떼쓰는 행동으로 엄마를 계속 힘들게 할 가능성이 있습니다.

몸이 함께 있는 것보다 마음이 함께 있는 게 더 중요해요

"어린이집 안 가!"를 외치는 아이는 엄마와 늘 붙어있기를 원하는 분리불안의 문제를 가진 경우가 많습니다. 표면적으로는 '엄마와 함께 있기'를 원하지만, 결국 중요한 것은 '함께 있다는 느낌'이지요. 아이의 뜻대로 어린이집에 보내지 않고 집에 데리고 있다 하더라도, 엄마가 동생을 핑계 삼아 아이를 비난하는 태도를 보인다면, 아이는 '엄마가 내 마음을 정말 모르는구나.' 하며 소외감을 느낍니다.

그러므로, 어린이집에 가서 아이가 엄마와 하루종일 같이 있지는 못하더라도 '엄마는 날 사랑하고 내 마음을 알아주는구나.'라고 느낄 수 있게 해주세요. 아이의 속마음이 어떤지, 무얼 걱정하는지 알아주고, 그럴 수 있다고 인정해줘야 합니다. 아이를 기쁘게 하는 것도 중요하지만, 더 중요한 일은 '아이의 속상함을 인정해주는 것'입니다.

불안한 마음을 인정하고 다독이면서 어린이집에 데려간다.

이렇게 해보세요

태어날 동생이나 새로 적응하는 어린이집에 대해서 아이가 충분히 마음의 준비를 할 수 있게 도와줄 필요가 있어요. 아이의 아기 때 사진, 배 속에 있을 때 사진을 함께 보면서 동생이 있더라도 엄마의 사랑엔 변함이 없다는 것을 이야기해주고, 평소에도 사랑과 관심을 듬뿍 쏟아 아이의 불안한 마음을 달래주세요.

어린이집에 보내기 시작할 때는 엄마가 잠시 함께 있어주면서 아이가 새로운 공간과 사람들을 탐색할 수 있게 도와주고, 엄마와 떨어져 있는 시간을 조금씩 늘려가세요. 만약 한 달 넘게 아이가 적응하지 못한다면 어린이집이 아이와 맞지 않아서 그런 건지, 아니면 아직 어린이집 생활 자체가 아이에겐 무리인지 잘 판단해서 다른 방법을 강구하는 것이 좋습니다.

Mom's Tips

▶ **어린이집 보내기 전부터 엄마와 떨어지는 연습하기**
"할머니 집에서 재미있게 놀고 있어. 점심 먹고 나면 데리러 올게."

▶ **어린이집 가기 전에 마음의 준비를 하게 도와주기**
"저번에 같이 구경했던 어린이집 생각나지? 내일은 엄마랑 거기 가서 조금 놀고 올 거야."
"내일은 ○○가 어린이집에서 놀다가 점심 먹고 나면 엄마가 데리러 갈게."

▶ **어린이집 생활을 즐겁게 표현한 그림책 같이 읽기**
"곰돌이가 친구들이랑 뭘 하길래 이렇게 재미있어 할까? 한번 읽어보자."

▶ **어린이집 수업이나 아이들 노는 모습 미리 구경시키기**
"친구들이 저기서 무슨 놀이를 하는 걸까?"
"와, 선생님이 커다란 상자를 가져오시네? 뭘까 궁금하다."

▶ **떼쓰는 아이 마음 알아주기**
"엄마랑 같이 있고 싶어서 그러는구나. 엄마랑 떨어지는 게 많이 힘들지?"

▶ **엄마와 언제 다시 만날 수 있는지 알려주기**
"낮잠 자고 놀다가 시계 짧은 바늘이 4에 오면 데리러 올게. 그때 보자!"

▶ **헤어질 때는 아이와 마주 보고 밝게 인사하기**
"선생님이랑 친구들이랑 재미있게 놀고 나중에 엄마랑 만나자!"

▶ **교사의 허락을 받아서 아이가 좋아하는 물건 가져가게 하기**
"오늘은 토끼 인형 데려갈래? 토끼가 어린이집 궁금해할 것 같은데."

▶ **엄마 사진이 든 목걸이나 엄마 소지품 주기**
"엄마 많이 보고 싶을 땐 이거 보면 기분이 나아질 거야."

▶ **어린이집 끝나면 엄마와 놀자고 기대감 심어주기**
"어린이집에서 잘 놀고 집에 오면, 엄마랑 자석낚시놀이 하자!"

▶ **어린이집에서 돌아오면 따뜻하게 안아주고 칭찬하기**
"엄마 보고 싶어서 힘들었을 텐데 잘 참았구나. 우리 ○○ 정말 기특하다!"

▶ **어린이집 친구를 집에 초대하기**

"○○가 좋아하는 친구를 집에 초대할까? 같이 놀고 싶은 친구 있니?"

추천할 만한 그림책

어린이집 그림책 세트 (김영명, 사계절출판사): 《어린이집 그리기 놀이》, 《어린이집 블록 놀이》, 《어린이집 물놀이》, 《어린이집 모래 놀이》, 《어린이집 바깥놀이》 총 5권으로 기획된 시리즈. 아이들이 즐겨 하는 다섯 가지 놀이를 소재로 어린이집 생활을 간접경험 하게 한다. 어린이집 적응을 도와주는 그림책.

야호! 신나는 어린이집 (자비에 드뇌, 키즈엠): 어린이집에 다니는 토끼 토담이를 통해 어린이집에 대한 긍정적인 이미지와 어린이집 생활에 대한 기대감을 심어주는 책.

Doctor's Q&A

Q 아이가 평소 낯가림이 심하고 예민해요. 어린이집에 적응을 잘 못하고 아침마다 가기 싫어하네요. 어린이집에 보내는 걸 포기해야 할까요?

대개의 경우에는 1~2주 정도 지나면 서서히 적응해가는 것이 보통이지만, 한두 달이 지나도 심하게 떼쓰고 보챈다면, 마냥 기다려서 될 일은 아니지요. 아이가 평소 낯가림이 심하고 예민한 아이라면 어린이집에 처음 다니기 시작할 때부터 예방하는 것이 중요합니다. 엄마와 함께 어린이집을 미리 구경하고 오는 것부터 시작해서, 아주 천천히 단계적으로 적응 기간을 가지는 것이 좋겠죠. 미리 준비 과정을 제대로 못 가졌던 경우라면, '과연 지금 꼭 어린이집을 보내야 하나?'라는 질문부터 다시 해보세요. 낯가림이 심한 아이라면 한 해쯤 늦게 어린이집 보내는 것도 고려해보시고요. 아이가 엄마와 떨어지기 싫어하는 것을 '우리 애가 엄마에 대해 애착이 심한 것 같으니, 억지로라도 독립시켜야겠다.'고 생각하는 분도 있는데요. 세 돌이 넘은 아이들은 엄마와의 애착이 튼튼하면, 엄마와 심리적인 유대감만 있어도 자율적으로 독립하는 데 큰 문제가 없습니다. 엄마와 떨어지기 힘들어하는 아이들은, 엄마와의 유대감에 대해서 충분히 신뢰할 수 없기 때문에 분리가 어려운 것이죠. 어린이집에 보내야 되는지를 고민하기에 앞서 '아이와의 유대감, 애착의 느낌을 어떻게 강화시킬 수 있을까.'를 고민해보셔야 합니다.

Q 또래에 비해 말이 많이 늦는 편이라, 어린이집을 보내도 될지 고민입니다. 보내도 괜찮을까요?

언어발달이 약간 늦는 경우에는, 병원을 찾거나 치료를 받지 않고 그냥 좀 기다려보는 일이 흔하죠. 하지만 언어발달이 많이 늦는 경우엔 언어뿐 아니라, 언어 이외의 다른 인지발달도 늦는 아이도 있고, 나중에 말이 트이더라도 제 나이 수준의 언어발달을 끝내 따라잡지 못하는 아이들도 있습니다. 특히 또래에 비해서 12개월 이상 언어발달이 늦다면 '좀 늦게 트이는 경우도 있겠지.' 하고 마음 편히 기다리시면 안 됩니다. 전문가와 상의한 뒤, 아이의 언어발달 촉진을 위한 적절한 도움부터 먼저 받게 해야 합니다.

Tips 보육기관 다니기 전에 필요한 마음 준비 놀이법

학령기 이전의 유아들은, 말로만 해주는 설명이나 설득, 약속보다는 '눈으로 보여지는 상황' 을 통해서 더 잘 이해합니다. 특히 인형놀이는 아이가 앞으로 겪게 될 일들을 눈으로 직접 확인하고 미리 경험하게 하지요. 어린이집을 다니게 되는 등의 불안할 만한 일을 앞두고 있을 때, 인형놀이를 통해서 아이의 마음을 편안하게 준비시킬 수 있습니다.

❶ 우리 가족을 표현하는 인형들 준비하기

❷ 재미있게 몰입할 수 있는 도입부 보여주기

집에서 엄마가 아이를 깨우고, 식구들이 밥을 먹고, 세수하는 과정을 세밀하게 묘사해서 아이가 '이건 우리집 이야기구나' 하고 느낄 수 있게 인형놀이를 보여주세요. 과장된 연기를 하고, 음향 효과도 넣어서 말이죠. 우리집 식구들의 독특한 습관 등을 포함시키면 더 재미있어요.

예) 이건 시우네 집 이야기야. 엄마가 아침 일찍 일어나 부엌에서 식사를 준비하고 있네. 시우는 어디 있나? 아~ 시우는 침대에서 쿨쿨 자네. 엄마가 시우 방에 들어가서, "우리 아들~ 이제 일어나야지." 엄마가 시우에게 뽀뽀하네. 시우 다리를 조물조물 주무르면서 "어? 시우가 아직 잠에서 깨진 않은 거 같은데. 이게 무슨 소리지?" 뽀~옹! 시우가 방귀를 뀌었나 봐.

❸ 아이가 겪게 될 상황 묘사하기

이 부분 역시 세밀하게 구성해야 합니다. 신발을 신고, 엄마와 손을 잡고 엘리베이터를 타고 내려가서 "나 안 가면 안 돼?" 물어보기도 하는 등 엄마와 함께 어린이집에 가는 과정을 구체적으로 보여주세요.

예) 시우랑 엄마는 어린이집에 왔어. "딩동." 벨을 누르니 어린이집 선생님이 나오셨어. 선생님이 웃으면서 맞아주시네. 엄마는 시우에게 뽀뽀하고, 시우랑 선생님은 엄마에게 빠이빠이 인사를 하네.

❹ 해피엔딩(긍정적인 끝맺음)

엄마와 다시 만나서 반갑고, 기분 좋아지는 상황까지 보여주세요.

예) 엄마가 시우를 데리러 왔어. "딩동." 선생님이 문을 열어주시고, 엄마가 어린이집에 들어왔어. 시우는 엄마를 다시 만나서 좋아. 엄마와 쪼옥 뽀뽀하고 꼬옥~ 안겼어. 집에 오면서, 오늘 하루 동안 어떤 일이 있었는지 이야기를 하고 있어.

❺ 놀이 상황을 현실에서도 경험시키기

전날 저녁의 인형놀이 시간에 "집에 오는 길에 엄마가 곰젤리를 사주셨어." 라고 했다면, 그 다음 날 집에 오는 길에 정말로 곰젤리를 사주세요. 이렇게 예측한 대로 상황이 벌어지면 아이의 마음이 훨씬 더 편안해집니다.

유치원 안 가 (36개월 이후)

예전에 어린이집에 잘 다녔던 아이들도, 유치원을 안 가겠다고 떼쓰는 경우가 있지요. 주로 선생님이나 친구 문제로 그럴 때가 많은데, 부모님들은 아이의 힘든 마음을 인정해주다가 혹시라도 유치원에 적응 못하고 나쁜 습관이 들까 봐 , "친구에게 밉다고 하면 안 돼.", "선생님이 너한테 괜히 그런 말씀을 하셨겠니?", "그런 거 가지고 속상해하는 거 아니야."라고 말씀하시는 경우가 많습니다.

그러나 아이가 겪는 속상함에 대해서 "그래, 정말 속상했겠다."라고 인정해주는 것과 "그래, 그런 문제라면 유치원 안 가도 돼."라고 허락해주는 것은 전혀 별개의 문제입니다. 아이들은 '내가 유치원 가기 싫을 만큼 속상했다는 걸 엄마도 아시는구나.' 하고 생각해야, 엄마와 그 문제에 대해 더 이야기하고 싶어집니다. 또한 엄마와 이야기하며 마음 든든한 지원군이 생긴 느낌을 받아 더욱 독립적으로 자기 문제를 해결할 수 있게 됩니다.

예를 들어 "남편 때문에 속상해, 왜 결혼했는지 후회돼."라고 친한 친구에게 하소연했을 때, 친구가 "왜? 무슨 일이야?", "그랬구나. 정말 속상했겠다." 하고 알아주어야 위로받는 느낌이 들고, 마음이 좀 가라앉으면 '너무 심하게 말했나?' 하는 생각이 들 수도 있겠죠. 기껏 하소연했더니, 친구가 "얘, 그건 속상해할 일은 아닌 거 같다." 혹은 "그까짓 게 그렇게 힘드니?"라는 반응을 보인다면, 아마 다시는 그 친구에게 하소연하고 싶지 않을 겁니다.

평소 저녁 시간에 아이의 유치원 생활에 대해 이야기 나누면서, '훈계'보다는 '공감과 위로'를 통해 아이의 든든한 지원군이 되어주세요. 아이들은 '나에게 훈계하거나 나 대신 나서서 문제를 해결해주는 사람'보다는 '내 마음을 이해해주는 내 편'이 있을 때 더 강해집니다.

19 : 친구 때문에 유치원 가기 싫다고 말할 때

훈계하면서 재촉하는 엄마

이러면 안 돼요_ 아이들은 아직 사회성이 미숙하고 자기중심적이기 때문에, 친구나 교사와의 관계에서 작은 일로도 어려움을 겪곤 합니다. 집에서는 엄마가 아이에게 많은 것을 맞춰주지만, 유치원에서는 단체 생활 규칙도 있고 친구들이 자기 마음처럼 움직여주는 게 아니라서, 아이가 낯설고 불편한 감정을 느낄 수 있지요. 이러한 감정을 유치원 가기 싫다고 떼쓰는 것으로 표현하기도 합니다. 그런데 이럴 때 무조건 훈계를 하면 아이는 엄마로부터 이해받지 못하는 기분이 들죠. 반대로 엄마가 지나치게 걱정하고 불안해하면 아이도 덩달아 불안해져서 유치원에 대해 부정적인 이미지를 형성하게 됩니다. 그러니 유치원에서 안 좋은 일이 일어난 것 같더라도, 아이 앞에서는 의연하고 담담한 태도를 보여주세요.

문제 해결보다는 공감이 우선입니다

아기들의 어려움은 해답이 즉각 나오는 경우가 많습니다. 배고파하면 먹이고, 배변하면 기저귀를 갈아주면 되니까요. 하지만 좀 더 자라서 아이가 나름의 사회생활을 시작하게 되면, '엄마가 대신 해결해줄 수도 없고, 모범 답안도 없는 문제'에 맞닥뜨리게 됩니다. 그럴 때 아이가 속상해하고 유치원까지 가기 싫어한다면 부모도 당황하기 마련이죠.

그러나 걱정되고 당황스럽더라도 아이와의 대화에서 '문제 해결'을 목표로 삼지는 마세요. 아이가 스스로 해결할 자신이 없는 상태에서는 부모가 아무리 논리적으로 좋은 해결책을 제시해도 아이의 마음은 편해지지 않습니다. 중요한 것은, 부모와 대화하는 과정에서 아이의 속상한 마음을 충분히 알아주고 교감하는 것입니다. 이 과정을 통해서 아이가 정서적으로 안정되면, 그때부터는 '어떻게 하면 좋을지' 해결책을 함께 모색하셔도 됩니다.

: 아이의 마음을 진심으로 알아주면서 대화한다.

아이가 아무리 어리더라도 엄마가 자신의 말을 경청하고 마음을 알아주는지, 아니면 대충 건성으로 자신을 대하는지 알 수 있습니다. 그렇기 때문에 형식적으로 공감해주는 것은 소용없지요. 아이가 어리다고 임기응변식으로 해결하려 해서는 안 됩니다. 아이의 문제를 해결함에 있어서 깊이 공감해주는 진정성 있는 대화가 중요합니다.

유치원 다녀와서 저녁 때

친구가 싫어서 유치원
가기 싫었구나. 뭐 때문에
그런 마음이 생겼을까?
친구가 안
놀아줘.
나랑 안 논대.

친구와의 관계에서 힘들어하는 것이 있다면, 힘든 마음부터 충분히 공감해준 다음에, 구체적으로 어떨 때 힘들었는지 물어본다.

친구가 안 놀아주면
속상하지. 많이많이
슬펐구나.
응. 친구 싫어. 놀아
주지도 않고.

아이의 속상한 마음을 엄마가 진심으로 느끼려고 노력하며, 시간이 걸리더라도 충분히 공감해준다.

공감과 위로로 아이 마음이 누그러지면

그런데 ○○야,
그때 친구랑 무슨 놀이를
하고 싶었어?
엄마놀이
하자고 했는데
친구가 안
하겠대.

엄마놀이 할 때 엄마는
누가 하려고 했는데?
내가 엄마
한다고 했어.

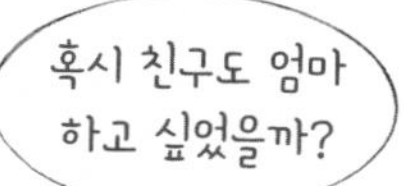

다음에는 친구한테
물어보면 어떨까? 친구도
엄마 하고 싶을지도 모르잖아.
'너 한 번, 나 한 번 하자.'
그러면 둘 다 엄마 할
수 있는데.
응, 알았어.
다음엔 물어
볼게.

아직은 사소한 갈등에도 힘들어하는 시기이므로, 갈등을 해결하는 방법을 대화하면서 알려줘도 좋고, 친구와 했던 놀이를 엄마와 똑같이 해보면서, 함께 노는 법을 간접적으로 배우게 하는 것도 괜찮다.

이렇게 해보세요

유치원 가기 싫어하는 이유가 아이의 이야기만으로 잘 파악되지 않는다면, 교사에게 따로 알아보는 것이 좋으며, 교사에게 부탁하여 아이의 유치원 생활을 당분간 면밀히 관찰해 달라고 하셔도 됩니다. 그리고 평소 아이에게 유치원 생활에서 어떤 기분을 느끼는지 물어보면서, 아이가 겪는 감정들에 깊이 공감해주세요. 좋아하는 친구가 있다면 따로 만나는 기회를 마련해 즐거운 놀이 경험을 시켜주세요. 아이의 유치원 생활이 좀 더 즐거워질 거예요.

20: 매일매일 유치원 가기 싫다고 심하게 떼쓸 때

달랬다 화냈다 하는 엄마

이러면 안 돼요_ 아이가 아침마다 등원을 거부하면 어떻게 대처해야 할지 막막해지곤 합니다. 그래서 아이를 달랬다가 윽박지르기도 하고, 유치원에 억지로 보내는 날이 있는가 하면, 보내지 않는 날도 있는 등 등원 문제에 있어 일관성 없는 태도를 보이게 됩니다. 그러나 이러한 대응은 아이를 혼란스럽게 하고, 엄마를 신뢰하지 못하게 만들어 아이가 점점 더 통제 불능 상태가 될 수 있죠. 또한 유치원 끝나고 언제 만날지 약속한 뒤에, 엄마가 이를 잘 지키지 않거나, 아침에 유치원에서 안 떨어지려는 아이를 어떻게든 떼어놓으려고 '엄마 금방 올게.', '잠깐 화장실 갔다 올게.' 등의 말로 안심시키고 몰래 사라지는 일 역시 아이를 더욱 불안하게 만들어 분리불안 증세를 악화시킬 수 있습니다.

아이와 대화하는 게 중요해요

유치원 가기 싫어하는 아이를 어떻게든 설득해서 보내고 싶은 마음에, 유치원에 대한 좋은 이야기만 해주는 분들이 있습니다. 또는 괜히 유치원 이야길 꺼냈다가 아이 입에서 가기 싫다는 말이 나올까 봐, 저녁이나 밤 시간에는 아예 이야기를 꺼내지 않는 분들도 있고요. 하지만 유치원 다니는 것이 싫은 아이에겐 "유치원에 가면 재미있는 놀이가 있다."고 아무리 설명해도 소용없습니다. '칫, 엄마는 내 마음도 모르고…….'라는 생각만 커질 뿐이죠. 이런 아이를 어르고 달래는 것은 부모로선 진 빠지는 일입니다.

아침에 아이를 억지로 유치원에 보냈다면, 오후에는 집에 돌아온 아이와 대화를 나눠보세요. '오늘 아침에 유치원 가기 너무 싫었는데, 억지로 가서 얼마나 속상했는지, 억지로 보낸 엄마가 얼마나 미웠는지, 유치원에서 종일 버티느라 얼마나 힘들었는지, 힘든데 어떤 생각으로 지냈는지.' 등을 물어보세요. 그러고 나서 "가기 싫은 유치원에 보내서 미안하고, 그래도 잘 버티고 와서 기특하다."고 말해주세요. 억지로 유치원에 가게 하더라도 아이의 힘든 마음은 잘 보듬어주셔야 합니다.

유치원에 억지로라도 보낸 뒤, 집에 왔을 때 따뜻하게 위로하고 칭찬한다.

억지로라도 유치원 보내기

가기 싫어도 지금은 유치원 가야 돼.

싫어, 싫어~ 엄마랑 집에 있을 거야!

유치원에서 돌아와 대화하기

유치원 가기 너무 싫었는데, 엄마가 억지로 보내서 많이 속상했지? 엄마가 정말 미웠겠다.

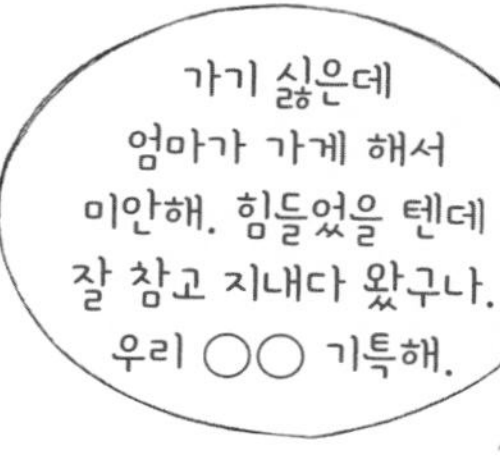

이렇게 해보세요

아이가 유치원에 적응하지 못하고 너무 힘들어할 때는 유치원 안 가는 날을 정해서 실행해보는 것도 하나의 방법입니다. 일주일 또는 한 달에 몇 번 안 가게 할지는 아이의 상태를 보고 정하는 것이 좋아요. 유치원을 쉴 수 있다는 사실이 아이에겐 부담감을 줄여주기 때문에 마음의 여유가 생길 수 있죠. 유치원 안 가는 날, 엄마와 함께 지내면서 정서적으로 안정되면 점차 유치원 생활을 긍정적으로 받아들이게 될 거예요.

직장에 다니는 엄마라면, 휴가를 내서 아이와 함께 지내보세요. 유치원 안 가는 날 , 아이와 스킨십을 자주 하고, 신체놀이도 하면서 1:1로 자주 놀아주는 것이 좋아요. 그리고 유치원에 처음 적응할 때는 오전에만 보내다가 차차 시간을 늘리고, 아이가 잘 적응할 수 있게 관심을 보여달라고 교사에게 도움을 요청하세요.

유치원 안 가는 날을 정할 때는 아이에게도 선택권을 주어, 자신의 선택에 책임지게 하세요. 유치원 가기로 한 날에 안 가겠다고 고집부리면, 가기 싫은 마음은 공감해주되, 아이가 스스로 약속한 것이니 가야 한다고 단호하게 말하고 유치원에 보내세요. 이렇게 엄마가 계속 일관된 태도를 보이는 것이 중요해요. 그래야 아이도 엄마를 믿고 자신의 상황을 받아들이고 적응하게 됩니다.

Mom's Tips

▶ **유치원에서의 특별활동이나 견학, 행사 등을 달력에 표시하여 기대감 주기**

"수요일은 체육하는 날이야. 체육 선생님 좋아한다고 했지? 재미있겠다!"
"내일 ○○가 좋아하는 미술 활동 있네. 열심히 만들어서 엄마 보여줄래?"

▶ **유치원에서 누구와 무엇을 하며 놀고 싶은지 물어보기**

☞ 아침에 등원할 때, 좋아하는 친구나 놀이에 대한 기대감을 줄 수 있는 대화를 시도한다.
"오늘은 유치원 가서 누구랑 놀고 싶어? ○○가 좋아하는 친구 있니?"
"그렇게 노니까 재미있었구나. 오늘은 친구랑 뭐 하고 놀고 싶어?"

▶ **유치원 놀이를 하면서 아이의 유치원 생활 파악하기**

"이 장난감은 지금 내가 가지고 노니까 이따가 줄게. 지금은 다른 걸로 놀래?"
"선생님, ○○가 넘어져서 울고 있어요. 도와주세요!"

▶ **유치원에서 찍은 사진으로 이야기 나누기**

"여기 이 친구랑 뭐 하고 노는 거야? 재미있게 놀고 있는 것 같은데."
"선생님이 동화책 읽어주시네! ○○가 열심히 듣고 있구나. 선생님 좋아?"

▶ **교사에게 부탁하여 아이와 통화하기**

"엄마는 지금 열심히 컴퓨터로 일하고 있어. ○○는 뭐 하고 있니?"
"저녁에 데리러 갈게. 우리 ○○ 오늘 뭐 먹고 싶어? 엄마가 만들어줄게!"

▶ **역할놀이를 하면서 친구와 노는 법 가르치기**

"친구야, 너는 무슨 놀이 하고 싶어? 병원놀이 하고 싶다고?"
"나는 마트놀이 하고 싶은데. 그럼 병원놀이 하고 나서 마트놀이 할까?"

추천할 만한 그림책

유치원 가기 싫어! (스테파니 블레이크, 한울림어린이): 유치원에 처음 갈 때 느끼는 두려움과 불안감을 아기토끼 시몽의 이야기를 통해 재치 있게 표현했다.
유치원에 가기 싫어! (하세가와 요시후미, 살림어린이): 유치원에 가기 싫어 온갖 핑계를 대는 아이의 심리를 발랄하고 유쾌하게 다뤘다. 일본을 대표하는 그림책 작가의 작품.
내가 잘할 수 있을까요? (크리스토프 르 만, 시공주니어): 유치원에 처음 가는 아이의 불안한 마음을 따뜻하게 어루만지는 부모의 모습이 인상적인 그림책.

Doctor's Q&A

Q 아이가 두세 달 넘게 유치원을 안 가겠다고 떼를 씁니다. 유치원을 그만두게 해야 할까요?

아이 나름의 분명한 이유가 있을 겁니다. 아직도 분리불안이 극복되지 않아서 그럴 수도 있고, 친구 관계에서의 갈등, 교사와의 문제일 수도 있죠. 아이와 소통이 잘 되어 그 이유에 대해서 이야기하고 의논할 수 있다면, 유치원을 그만두게 해야 할지, 아니면 계속 다니면서 문제를 해결해야 할지 판단할 수 있습니다. 정말 문제가 되는 경우는, 아이가 막무가내로 '유치원 안 가겠다.'고 하면서도 그 이유에 대해서 명확하게 말하지 않을 때입니다. 이럴 땐 부모도 어떻게 대처해야 할지 몰라서 답답하겠죠. 그렇다고 정확한 이유도 모르는 채 다니던 유치원을 그만두고 다른 유치원에 보낸다면, 똑같은 어려움을 당하게 될 수도 있습니다. 아이와 직접 소통하는 일이 어렵다면 전문가의 도움을 받는 것도 한 방법입니다.

Part

02

밥 먹이기 힘든 아이

식사하는 일이 '엄마 좋으라고' 혹은 '칭찬받으려고' 하는 것이 아니라 '내가 배고프니까 먹는다.'라는 인식이 아이에게 있어야 합니다.

안 먹어

수면, 식사 등의 생리적인 활동은 자연스럽게 이루어져야 합니다. 아기들이 피곤하면 자고, 충분히 자면 깨고, 배고프면 먹고, 배부르면 그만 먹는 것처럼 말이죠. 모든 생명체는 '자기조절능력'을 가지고 있기 때문에 엄마들은 아이가 자연스러운 생리적 욕구대로 먹고 잘 수 있게 도와줘야 하며, 이때 감정이나 힘겨루기가 개입되어선 안 됩니다. 아이가 배고파하거나 배불러할 때, 그 신호를 민감하게 알아차려서, 신체적 욕구에 따라 음식 섭취를 조절할 수 있게 해야 하지요.

아이를 키우다 보면, 한동안 잘 먹던 아이가 갑자기 식욕이 뚝 떨어져 '왜 밥을 안 먹지?' 걱정하는 일이 생기곤 합니다. 그러나 반나절쯤 후에 아이가 설사나 변비 때문에 속이 불편했었다는 걸 알게 되기도 하죠. 몸 컨디션에 따라 식욕이 없어지기도 하고 생겨나기도 하는 것입니다.

몇 개월 동안은 잘 먹고 체중도 잘 늘던 아이가, 이후 몇 개월 동안은 식욕이 줄어든 상태로 체중이 안 늘기도 합니다. 체중은 늘지 않았는데

키만 쑥 크는 시기도 있고, 키는 그대로인데 비만이 걱정될 정도로 식욕이 왕성해져서 체중만 늘어나는 시기도 있고요.

실제로 아기들은 첫돌이 지나면 식사량이 줄어들면서 체중 증가 속도가 둔화되는 경우가 많은데요. 이 시기에 엄마가 지나친 걱정으로 아이의 식사량에 집착하면 3~6세 무렵 식사 거부 등의 문제가 두드러지게 나타날 수 있어요. 그러니 아이가 잘 먹지 않을 때에는 아이의 몸에 '그럴 만한 이유'가 있을 거라고 여기시는 게 좋습니다.

21 : 밥 안 먹겠다고 거부할 때

억지로 먹이려다 실패하고 간식 주는 엄마

잠시 후

이러면 안 돼요_ 첫째, 식사는 배고프면 먹고 배부르면 안 먹는 일이 되어야지, '엄마 힘드니까 제발 먹어라.', '안 먹으면 아파.' 등의 메시지를 주면 안 됩니다. 이런 메시지는 '엄마를 위해서 식사한다.'는 잘못된 인식을 심어줄 수 있어요. 엄마가 지나치게 감정적으로 대응하면 아이가 먹는 일 자체에 부담을 느끼며, 잘 먹지 못했을 때 죄책감마저 들 수 있습니다. 둘째, 밥을 안 먹는 아이에게는 빵, 과자 등의 간식을 주지 말아야 해요. 밥을 먹지 않는다고 자꾸 간식을 챙겨주면, 밥 먹을 필요성을 느끼지 못하고 식사 때마다 먹지 않겠다고 버틸지도 모릅니다.

힘겨루기에 빠질 수 있어요

아이 스스로 식사 연습을 시작하는 돌 전후부터 '내가 할 거야, 내 맘대로 할 거야.' 하는 마음과, '엄마에게 기대고 싶어 하는' 두 가지 마음이 갈등하게 됩니다. 이때는 자율성이 생겨나는 시기라서 아이의 생리적인 욕구가 그 어느 때보다 존중받아야 합니다. 아이가 배고프지 않은데도 엄마가 억지로 입에 음식을 집어넣거나, 보상을 미끼로 음식을 권하면, 아이는 음식을 생리적인 욕구보다 감정(부정적 혹은 긍정적 감정)과 연관시켜 반응합니다.

자율성이 침해받을수록 아이는 '밥 안 먹기'를 이용해 엄마와 힘겨루기를 할 수 있고, 생리적인 욕구보다 엄마와의 감정적인 관계에 따라서 자신의 음식 섭취를 조절하게 되지요. 이를 테면, 엄마에게 혼날까 봐 또는 보상이나 칭찬을 받으려고 억지로 먹거나, 엄마를 화나게 하려고 일부러 안 먹겠다고 고집부리는 등의 문제가 발생합니다.

이때 부모-자녀 관계에 따라 문제 행동의 모습이 달라질 수 있습니다. 부모에게 혼나는 것이 별로 두렵지 않은 아이들은 "안 먹어!" 하면서 부모를 조종할 수 있고요. 부모에게 혼나는 게 무서운 아이들은, 일단 부모의 기세에 눌려서 음식을 입에 받아 넣기는 하지만, 삼키지 않는 식의 '소심한 반항'을 할 수 있습니다.

편안하고 부담 없는 식사 분위기에서 아이에게 선택권을 준다.

○○야, 이젠 밥 안 먹는다고 간식 주지 않을 거야. 밥을 억지로 먹으라고 안 할게. 먹을 준비가 되면 식탁에 와.
밥 안 먹어~

부드러우면서도 단호한 목소리로 '간식은 주지 않겠다.'고 알려준 뒤, 아이 스스로 밥 먹을 준비가 되었을 때 식탁에 오라고 말한다.

배고파서 아빠
먼저 먹는다~
엄마도 배고픈데 이거
다 먹어버릴까?
?

우리 ○○ 이제 배가
좀 고파졌나?
밥 먹을 거니? 그럼,
앉아서 먹자.

안 먹던 아이가 먹기 시작하면 기쁜 마음에 잘 먹는다고 자꾸 칭찬하기 쉬운데, 생리적인 욕구에 따라 잘 먹을 수도 있고, 안 먹을 수도 있는 문제를 놓고 칭찬이나 비난을 해선 안 된다. 배고파서 왔냐고 담담하게 묻고, 먹기로 했다면 바르게 앉아서 식사하게 한다.

잠시 후

고기는 조금만 덜어줄
테니까 더 먹고 싶으면 말해.
다른 반찬은 ○○가
골라볼래?
응, 내가 고를게.

반찬은 처음에 조금 덜어주고 나머지 양은 아이 스스로 조절하게 한다.

넓은 접시에 반찬을 담으면 상대적으로 양이 적어 보인다. 아이가 시각적으로 양에 대한 부담을 느끼지 않게 해주면 좋다.

이렇게 해보세요

식사하는 자리에선 아이가 먹는 모습을 일일이 감시하듯 쳐다보지 마세요. 가족이 함께 즐거운 대화를 나누고, 맛있게 먹는 분위기를 만드는 것이 바람직합니다.

아이가 소화력이 약하다면 현미, 수수, 조, 보리 등의 잡곡을 밥에 많이 섞지 않는 게 좋으며, 밥 삼키는 것을 유난히 힘들어하면 찹쌀을 섞어서 부드러운 밥을 지어 주거나, 쌀국수 등을 밥 대신 줄 수 있어요. 또한 여름에 덥다고 찬 음식, 찬 음료수를 많이 먹이면 소화 기능이 떨어져 입맛을 잃게 되니 조심해야 합니다.

Mom's Tips

▶ **식사 전 2~3시간 안에 간식 먹는 것 금지하기**

"지금 간식 먹으면 배불러서 밥을 잘 못 먹게 돼. 시계 짧은바늘이 6에 갈 때까지 기다렸다 저녁 먹자."

▶ **식사는 엄마가 아닌 아이 자신을 위해 하는 것임을 일깨우기**

"엄마는 엄마가 배고파서 먹는 거고, ○○는 ○○가 배고파서 먹는 거야."

▶ **무엇을 먹을지 아이가 선택하게 하기**

"여기 있는 반찬 중에서 ○○가 먹고 싶은 것을 골라서 접시에 담아봐."
"불고기랑 닭튀김 중에서 ○○가 먹고 싶은 거 만들게. 어떤 게 좋아?"

▶ **먹을 양을 아이에게 물어보면서 그릇에 덜어주기**

"○○야, 밥을 조금 더 줄까? 그만 줄까?"
"콩나물은 요만큼이면 되겠니? 더 덜어줄까?"

추천할 만한 그림책

밥 먹기 싫어요! (정재은, 안나 카살리스, 키득키득): 밥 먹기 싫어하는 꼬마생쥐 또또가 한 끼 식사의 소중함을 깨닫는 과정을 친근감 있게 그려낸 책.
난 밥 먹기 싫어 (이민혜, 시공주니어): 밥 먹으라고 일방적으로 강요하는 엄마를 상대로 판타지 속에서 전쟁을 벌이는 아이의 반항 심리가 생생하게 드러난 그림책.

Doctor's Q&A

Q 몸에 뭔가 문제가 있어서 안 먹는 걸까요?

철분결핍성 빈혈 때문에 식사를 거부하기도 합니다. 철분 결핍이 있으면 식욕이 떨어지고, 식욕이 떨어져서 음식을 잘 안 먹으면 철분 결핍이 더 심해지는 악순환에 빠지기도 하죠. 간단한 철분보충제만으로도 금방 효과를 볼 수 있으니, 소아청소년과 선생님과 상의하는 게 좋습니다. 원래 잘 먹던 아이가 갑자기 안 먹으려 할 때는 수족구병 등의 소아청소년과 질환이 있을 수도 있습니다.

Q "먹기 싫으면 먹지 마."라고 하면 정말로 몇 끼씩 굶어요. 탈진하진 않을까요?

대부분의 엄마들은 밥 안 먹겠다는 아이에게 "한 수저라도 먹으면 조금 있다 사탕 줄게."라는 식으로 밥 이외의 것을 먹이곤 합니다. 간식을 확실히 통제하고 대개 한두 끼 굶고 나면 "안 먹어."라는 이야기는 안 할 거예요. 드물지만 정말로 오랫동안 아무것도 안 먹으려는 아이가 있긴 합니다. 음식 문제에 그만큼 감정이 강하게 얽혀 있거나, 식사하기 힘들 정도의 건강 문제가 있을 수 있죠. 이런 정도라면 의사 선생님과 상담하는 것이 좋습니다.

Q 밥 먹으라고만 하면 배가 아프다고 하는데, 정말일까요? 꾀병은 아닐까요?

평소에는 괜찮던 아이가 식사 때만 그렇다면, 실제로 위장 장애가 있다기보다 심리적인 이유로 복통 등의 증상이 생기는 '신체화 증상'일 가능성이 높습니다. 말로 표현해 봐야 자기 뜻이 수용되지 않으니, 신체 증상을 통해 부모에게 표현하는 것이죠. 배가 아프지 않은데 아프다고 거짓말하는 '꾀병'과는 다릅니다. 신체화 증상에 의한 복통인지 꾀병인지를 부모님이 가려내는 것은 어려운 일이니, 아이의 말이 거짓인지 아닌지 밝히려 너무 애쓰지는 마세요. 단지 아이가 자신의 복통을 통해서 '난 지금 밥 먹기 싫어요.'라고 강력하게 메시지를 전하고 있다는 것만 인정하시면 됩니다. 식사에 대한 선택권을 주어, 아이가 자신의 생각을 '신체 증상'이 아닌 '말'로 표현할 수 있게 도와주세요.

Q 억지로 먹인 것도 아닌데, 아이가 음식을 뱉어내면서 잘 안 먹어요.

생후 백일 전까지의 아기들은 입에 무언가를 넣어줬을 때 자꾸 밀어내는 습관이 있긴 합니다. 이유식 시기가 지난 아이들이 특별한 이유도 없이 음식을 자꾸 뱉어낸다면 굳이 먹이려 하지 마세요. "먹기 싫으니? 그럼 먹고 싶을 때 먹자." 하고 상을 치우세요.

Q 사탕이 목에 걸린 다음부터 먹으려 들지 않는데 어쩌죠?

공포에 질릴 만한 일을 겪으면, 이후 비슷한 상황을 피하고 싶어 하는 것이 사람을 포함한 모든 동물의 본능입니다. 사탕이 목에 걸려서 숨 막힐 뻔한 경험을 한 아이라면 뭔가를 삼키는 것이 당연히 두렵겠지요. 먹지 않으려는 이유가 두려움 때문이니 절대로 강요하시면 안 됩니다. 이런 아이는 잘 달래서 마음을 편안하게 해준 뒤, 이유식 시기에 했던 것처럼 보리차, 미음, 죽 등 목에 넘기기 쉬운 음식부터 단계적으로 연습시켜야 합니다.

밥 물고 오래 먹기

밥을 먹는 '태도'는 훈육이 필요하지만, '얼마나 많이 먹는지, 얼마나 빨리 먹는지'는 훈육이 필요한 문제가 아닙니다. 먹는 양이나 속도를 부모가 통제하려 들수록 이런 문제는 점점 더 심해지죠.

부모가 혼내면, 무서워서 일단 입에 받아 넣기는 하지만, 음식을 삼키는 것은 부모 마음대로 되지 않는다는 사실을 아이도 알기 때문에 고집스럽게 버티면서 잘 안 먹습니다. 이런 행동을 '수동적 공격성'이라고도 하는데, 대놓고 반항하는 건 아니지만 일부러 느릿느릿 행동함으로써 부모를 화나게 만들죠. 심한 경우, 아이가 잘 먹지 않으면 최후의 수단으로 체벌하는 부모가 있는데, 이런 방법은 아이에게 공포감만 심어줘서 식사 자체를 싫어하고 거부하게 만드는 부작용을 낳을 수 있습니다.

결국 아이의 먹는 문제를 부모가 조절할 수 있다는 생각 자체를 버려야 합니다. 음식을 입에 넣어줄 순 있을지 몰라도, 음식을 삼켜서 먹는 것은 전적으로 아이에게 달린 일이니까요.

22 : 밥을 입에 물고 오래 먹을 때

재촉하다가 화내는 엄마 아빠

엄마 아빠는 식사를 마친 상태

잠시 후

이러면 안 돼요_ 부모가 답답한 마음에 '밥 먹는 데 한 오백 년 걸리는 아이', '지지리도 안 먹는 아이' 등 아이에게 꼬리표 붙이는 말을 무심코 하기 쉬운데, 이런 말은 아이가 '그래, 난 밥을 잘 못 먹는 아이야.'라고 스스로를 낙인찍게 만들고, 잘 먹으려는 노력조차 하지 못하게 의욕을 꺾을 수 있습니다. 또한 밥을 먹을 때 부모가 감시라도 하듯 위압적인 분위기를 조성하면 아이가 부모 눈치를 보느라 편안하게 식사하지 못합니다.

아이에게 선택권을 주세요

먹는 문제에서 부모는 적절한 한계를 정해주되, 그 안에서는 아이가 선택권을 갖고 자기 마음대로 조절할 수 있게 해야 합니다. '최소한 어느 정도 이상의 양을 먹지 않으면 간식은 안 준다.', '식사 시간은 30분이고, 그 시간이 지나면 음식을 치운다.', '밥은 식탁에서만 먹는다.'라는 규칙을 정했다면, 어떤 반찬을 더 먹을지, 얼마만큼의 양을 더 먹을지는 아이가 원하는 대로 하게 하세요. 물론 더 좋은 습관으로 식사를 한다면 칭찬해야겠지만, 아이가 적게 먹거나 전혀 먹지 않아도 그것이 아이의 선택이라면 존중해야 합니다. 이때 실망이나 좌절, 비난하는 표현은 쓰지 마세요. 식사를 제대로 하고 간식을 먹을지, 식사도 안 하고 간식도 안 먹을지의 선택은 아이에게 맡겨야 합니다. 안 먹어도 된다고, 배고프지 않다고 하는 아이에게 "밥 먹으면 이따가 사탕 줄 건데, 그래도 안 먹을래?" 하면서 회유해서는 안 됩니다.

먹는 시간을 정해주고, 아이 스스로 식사를 조절하게 한다.

자, 밥 먹기 전에 아빠랑 눈 싸움 할까? 눈 먼저 깜박이는 사람이 지는 거야. 시~작! 1, 2, 3…

식사 전에 가족끼리 간단한 게임이나 즐거운 대화를 함으로써 아이가 무겁지 않은 분위기에서 식사하게 한다.

오늘은 긴바늘이 4에 갈 때까지만 먹는 거야. 그때까지 먹고 싶은 만큼 먹으면 돼.
먹을 동안 엄마가 같이 있어줄게. 하지만 시계 긴바늘이 4를 넘으면 설거지 시작할 거야.

먹는 시간을 정해준 뒤에는, 먹는 양이나 속도에 대해 간섭하지 않는다. 처음 1주일 정도는 아이가 다 먹을 때까지 함께 있어주다가, 그 뒤로는 20~30분 정도 기다려준다고 하고, 그 시간이 넘으면 엄마는 다른 볼일을 볼 거라고 이야기한다.

억지로 먹으라고 엄마 아빠가 맨날 화내서 힘들었지? 이제는 화내지 않을 테니까 걱정 말고 먹고 싶은 만큼 먹어.

밥이 잘 안 삼켜지면, 김밥처럼 밥에다 소금, 참깨, 참기름 넣어서 비벼줄까?

부모 눈치를 보느라 긴장한 아이의 마음을 부드럽게 풀어주고, 밥 먹을 때 왜 힘들어하는지 알아내어 도울 수 있는 방법을 찾아본다.

○○야, 시간
다 되었네!
이제 아빠랑
같이 놀자!

정해진 식사 시간이 끝나면 함께 놀아준다. 이때 아빠와의 놀이는 상이나 벌이 아니다. 다음에도 아빠와의 놀이를 기대하면서 즐겁게 식사하게 한다.

이렇게 해보세요

밥을 잘 먹지 않는 아이에게는 큰 숟가락보다 작은 숟가락으로 조금씩 떠먹게 하는 것이 좋으며, 스스로 먹는 양도 오늘은 두 숟갈, 내일은 세 숟갈 이런 식으로 서서히 늘릴 수 있게 하세요. 그리고 평소에 아이가 충분한 신체 활동과 수면을 취할 수 있게 도와주고, 식사할 때는 부모가 천천히 맛있게 꼭꼭 씹어 먹는 모습을 아이에게 보여주면 좋아요. 3~5세는 한창 부모를 모방하는 시기라서 부모가 먼저 좋은 모델이 되어주는 것이 중요하죠.

사탕이나 과자처럼 단맛에 너무 길들여지면 밥을 더 싫어할 수 있으니 밥을 너무 적게 먹을 때는 가능하면 간식을 주지 마세요. 밥알 씹는 것을 불편해하면 밥을 약간 질게 하거나 죽처럼 만들어서 주고, 아이가 새콤한 맛을 좋아한다면 밥을 초밥처럼 만들면 됩니다. 밥 냄새를 싫어한다면 아이가 좋아하는 음식을 밥과 섞어서 주거나 참기름을 넣고 비벼서 주는 방법도 있고, 김밥이나 주먹밥을 한입 크기로 만들어줄 수도 있어요. 그래도 밥을 싫어한다면, 아이가 좋아하는 식재료를 첨가한 스프와 빵, 국수, 감자나 고구마 샐러드 등 탄수화물로 된 다른 음식을 먹여서 영양을 고루 섭취할 수 있게 해주세요.

Mom's Tips

▶ **식사하는 장소와 시간을 미리 정해서 알려주기**
"식탁에 앉아서 시계 긴바늘이 6에 갈 때까지 먹도록 하자."
"시계 긴바늘이 10에 갈 때까지 먹을 수 있어. 10에 가면 음식을 치울 거야."

▶ **맛있게 먹는 장면을 담은 동영상, 사진 등으로 식욕 자극하기**
"와, 사람들이 정말 맛있게 먹고 있네. 엄마도 슬슬 배고파지는데?"

▶ **좋아하는 스티커를 시계에 붙인 뒤, 알람을 맞추고 식사하기**
"○○가 좋아하는 스티커도 붙였으니까, 이 시계는 밥 먹을 때 여기다 놓자. 시계 긴바늘이 6에 와서 따릉따릉 울리면 그만 먹고 일어나는 거야!"

▶ **식사 시간만 정하고, 먹는 속도에 대해선 참견하지 않기**
"빨리 먹든 느리게 먹든 아무 말 안 할게. ○○가 스스로 먹는 거니까."

▶ **아이가 좋아하는 색상이나 모양의 음식을 함께 만들어 먹기**
"○○가 좋아하는 노란 달걀 밥을 틀에 넣고 꾹꾹 누르자. 와, 하트 밥이네!"

▶ **좋아하는 인형을 식탁에 등장시켜서 누가 잘 먹나 경쟁시키기**
☞ 인형을 활용하는 일은 3~4세 정도의 아이들에게 효과적이다.
"○○야, 큰일 났어! 네가 안 먹으면 인형이 다 먹어버린대! 아그작 아그작!"

▶ **아이의 얼굴 볼을 초인종인 것처럼 누른 뒤, 입을 벌리게 하기**
☞ 스스로 먹는 것이 서툰 2~3세 아이들에게 밥을 먹일 때 효과적인 방법이다.
"딩동! 입 열어주세요! 맛있는 볶음밥 배달 왔어요!"

▶ **밥을 물고만 있으면 간단한 신호 보내기**
☞ 식사를 스스로 조절하는 능력이 미숙한 2~3세 아이들에게는 얼굴 볼을 손가락

으로 살짝 두드리거나, 눈을 크게 뜨고 꿀꺽 삼키는 시늉 보여주기 등 아이가 좋아 할 만한 신호를 함께 정해서 사용하면 좋다.

Doctor's Q&A

Q 신체 질환이 있어서 밥을 못 삼키는 것은 아닐까요?

아기 때 수유가 원활했고 이유식도 했다면, 신체 질환 때문에 밥을 못 삼키지는 않습니다. 성장 발달에 문제가 있다면 소아청소년과 선생님과 상의하셔야겠지만, 성장에 별다른 문제가 없다면 '밥을 입에 물고 삼키지 않는 행동'은 전적으로 심리적인 문제라고 보시면 됩니다.

Q 놀 때나 잠들 때에도 먹을 것을 입에 물고 있어요. 어떻게 해야 하나요?

음식을 오래 물고 있으면 충치가 생길 수도 있고, 잠들 때에도 음식이 입에 있으면 숨이 막힐 위험이 있으니, 삼키지 않는다면 뱉어내도록 해야 합니다.

Q 엄마와 함께 있을 때만 밥을 천천히 먹어요. 왜 그런 거죠?

엄마가 식사 문제에 대해서 관심이 많다고 느낀 경우, 엄마의 관심을 더 받기 위해서 천천히 식사하는 아이들이 있습니다. 밥을 잘 먹게 하려고 엄마가 자기를 어르고 달래주는 게 좋아서일 수도 있고, 엄마가 호통치고 협박하는 부정적인 관심조차 무관심보다는 낫기 때문에 그러기도 합니다. 아이가 엄마의 관심을 필요로 한다면, 식사 시간 외에 관심을 충분히 쏟아 아이의 욕구를 충족시켜 줘야 합니다. 엄마의 관심을 독차지할 수 있는 시간이 일주일에 한 번이라도 확실히 확보된다면, 이런 행동은 점차 줄어듭니다.

이거 안 먹어 (편식)

편식은 아기 때부터 '음식 맛 조기 교육'이 잘 이루어지지 않아서 생기는 경우가 많습니다. 태아는 양수를 통해, 아기는 모유를 통해 엄마가 먹는 다양한 음식 맛을 경험하게 되는데, 이때 경험한 음식 맛에 대해서는 이후에 별다른 거부감을 느끼지 않습니다. 엄마가 무엇을 먹느냐에 따라 모유(또는 양수)의 성분과 맛이 달라져서 아기가 여러 가지 맛을 경험하게 도와주기 때문이죠. 그러니까 편식은 엄마가 임신했을 때나 모유 수유를 할 때 가능한 한 다양한 음식을 섭취하면 어느 정도 예방이 가능합니다.

이유식도 마찬가지로 편식 예방에 중요한 역할을 합니다. 시판되는 이유식보다 다양한 재료를 이용한 홈메이드 이유식을 권하는 이유는, 시판 이유식을 통해서는 여러 가지 맛과 씹히는 느낌, 질감 등을 다양하게 경험시키기가 어렵기 때문이죠.

그리고 이유식 시기에는 되도록 단맛, 짠맛이 없이 식재료의 맛을 그대로 살린 음식을 다양하게 접할 수 있어야 합니다. 인간은 선천적으로 단맛과 짠맛을 좋아하므로, 어린 시기부터 사탕의 단맛이나 짭조름한 과자 맛에 길들여지면 다른 미각을 발달시키기 어렵죠. 단맛과 짠맛 외의 다른 맛에 대한 선호도는 주로 경험에 의해 형성되기에, '많이 먹이기'보다는 '다양한 맛 보여주기'를 이유식 시기의 주된 목표로 삼아야 합니다. 이유식이 끝난 아이들 역시 너무 달거나 짠 음식, 과자 등은 피해 주세요. 조금이라도 더 어릴 때부터 다양한 음식 맛을 접하게 도와서 편식을 예방해야 합니다.

23 : 싫은 반찬 안 먹겠다고 고집부릴 때

반찬을 밥에 숨겨서 먹이는 엄마

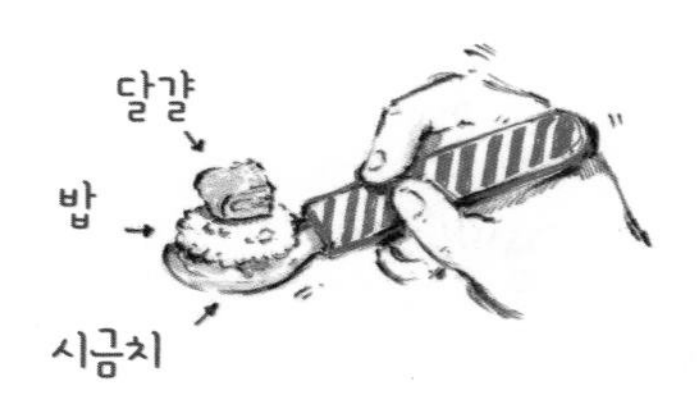

이러면 안 돼요_ 시금치를 싫어하는 아이는 '시금치의 씹히는 느낌'이 싫을 수도 있고, '시금치의 냄새나 생긴 모양'을 싫어할 수도 있어요. 그러니 아이가 어떤 음식을 먹기 싫어한다면, 그 부분을 인정하고 단계적으로 그 음식에 익숙해질 수 있게 도와야 합니다. 예를 들면, 처음에는 시금치를 먹이지 말고 시금치 무치는 과정에만 동참시키다가, 나중에는 시금치를 잘게 다져 요리한 다음 맛보게 하는 식으로 말이죠. 그런데 무조건 먹이려고 강요하거나 밥이나 다른 반찬에 숨겨서 먹이려 하면 아이가 거부감을 가지게 될 뿐 아니라 부모에 대한 신뢰감마저 잃을 수 있어요. 이런 일이 반복되면 식사 때마다 아이의 긴장감이 높아져 오히려 편식이 심해질 수 있습니다.

편식은 '음식에 대한 낯가림'입니다

아이들이 편식하는 이유는 새로운 것을 낯설어하기 때문입니다. 낯선 장소, 낯선 사람을 대할 때 익숙해지기까지 시간이 필요한 것처럼, 새로운 음식, 새로운 맛에 대해서도 낯가림을 하는 것이죠. 낯가림은 일종의 '불안'인데, 새로운 것을 접하면서 잔뜩 긴장하고 불안해하는 아이에게 억지로 먹으라고 혼내면, 그 음식을 볼 때마다 불안감이 더 심해집니다. 이렇게 되면 편식을 해결하기가 점점 더 어려워지죠. 그러니 편식 문제를 다룰 때는 우선 음식에 대해 낯가림을 하는 아이의 마음을 잘 이해할 필요가 있으며, 부모는 어디까지나 특정 음식에 낯설어하는 아이의 불안을 '점진적으로 완화시켜 주는 존재'가 되어야 합니다.

아이의 마음을 부드럽게 풀어준 뒤, 함께 요리를 시도한다.

시금치 먹기 싫은데 억지로 먹으라고 해서 힘들었지?

응.

먹기 싫은 마음을 충분히 알아줌으로써 아이 마음을 진정시키고 음식에 대한 불안감을 줄일 수 있다.

엄마가 시금치를 밥에 숨기고 줘서 화가 났지?
응.

엄마의 잘못된 행동을 아이 앞에서 솔직히 인정해야 아이가 엄마의 진심을 받아들이고 신뢰를 회복할 수 있다.

○○가 몸 튼튼해지라고 시금치 준 건데, 억지로 먹는 건 안 좋으니까 그렇게 안 할게. 대신 시금치로 엄마랑 같이 요리하자. 나물 말고 다른 요리도 할 수 있거든.
요리만 할래. 안 먹고.

오늘은 시금치달걀찜 만들자. 시금치(갈거나 곱게 다진 것)랑 달걀물 좀 섞어줄래?
응, 내가 할래.

싫어하는 음식 재료로 요리할 때는 아이가 좋아하는 재료(달걀, 감자 등)를 활용해서 요리하자. 이때 성급한 마음에 '싫어하는 식재료'를 너무 많이 넣지 않는다. 조금씩만 넣어서 '어? 시금치가 들어갔는데도 이상한 맛이 아니네?'라고 느끼게 한다.

자, 완성! ○○가 마지막으로 요술봉 들고 요술 부려볼까?
맛있어져라~ 짠!

요술봉 등 아이가 좋아할 만한 캐릭터 소품을 동원해서 요리의 피날레를 장식해보자.

맛있게 먹는 모습을 보여주되 먹으라고 말하진 않는다. 처음엔 아이가 숟가락만 대거나 냄새만 맡게 하는 식으로 접하게 한다. 아이가 먹지 않으면 내버려두고, 다음에 시금치로 다른 요리도 하자며 흥미와 기대감을 심어주자.

이런 식으로 다양한 조리법을 시도하면서 조금씩 맛을 보도록 제안하고, 스스로 입에 넣어 씹어보게 하는 등 단계적으로 음식에 접근하도록 돕는다. 가능한 한 아이 기분이 좋을 때, 배고파할 시간에 시도하면 효과적이다.

불안감을 줄여주세요

아이들은 처음 가는 곳에서 낯선 사람을 만나면 낯가림이 심하지만, 익숙하고 마음 편한 곳에서 엄마와 함께 낯선 사람을 만날 때는 덜 긴장합니다. 마찬가지로 아이에게 새로운 음식을 접하게 할 때는 '음식 맛'

이외의 다른 조건을 편안하게 만들어주는 것이 좋습니다. 새로운 음식에 대한 불안감을 줄이기 위해 아래와 같이 여러 방법을 사용하세요.

(1) 좋아하는 사람들과 편안하고 즐거운 분위기에서 식사할 때만 새로운 맛을 시도하기

(2) 좋아하는 음식을 만들 때, 새로운 식재료를 조금 포함시켜서 '새로운 맛'에 익숙해지게 하기 (새로운 식재료를 사용하더라도 음식이 평소와 달라 보이지 않게 합니다.)

(3) 싫어하는 식재료로 아이와 함께 요리하여 거부감 줄이기 (함께 만든 음식을 아이에게 먹으라고 강요하진 마세요.)

이렇게 해보세요

새로운 음식 재료에 친숙해질 수 있는 탐색 놀이(냄새 맡기, 만져보기, 식재료를 이용한 미술 활동 등), 음식에 관련된 동화책 읽기, 요리 등을 하면서 음식에 대한 이해를 돕는 것이 좋아요. 이렇게 하면 음식에 대한 긴장감을 해소할 수 있고, 음식과 관련된 즐거운 경험을 쌓음으로써 새로운 음식을 먹을 수 있다는 자신감과 도전의식이 생길 수 있죠. 아이가 음식을 먹도록 강요하는 대신 "엄마 아빠도 좋아하는 음식인데, 한번 먹어볼래?" 등 말 한 마디를 건넬 때도 '먹는 즐거움, 음식에 대한 흥미'에 초점을 맞추세요.

아이가 특정 음식의 맛뿐 아니라 질감 때문에 먹기 싫어할 수도 있으니 다양한 조리법에 계속 노출시키면서, 손톱만큼 먹더라도 크게 칭찬하고 격려하세요. 식탁의 그릇이나 식탁보를 빨강, 노랑, 주황 등 식

욕을 돋우는 색깔로 바꿔서 기분을 전환하는 것도 좋아요. 아이가 어떤 음식을 잘 먹게 되려면 열 번 이상은 맛을 봐야 합니다. 몇 번 실패했다고 포기하지 말고 다른 날 또 시도해보세요. 마음의 여유를 가지고 기다려주면, 아이 스스로 음식을 탐색하면서 조금씩 먹기 시작할 거예요.

Tips 이런 아이도 있어요

드물긴 하지만, 신경계 발달의 특이성으로 인해 특정한 감각이 예민한 아이들이 있습니다. 이 경우 물컹하거나 미끈거리는 질감의 음식 등 특정 음식들을 거부하기도 하죠. 이런 문제는 나이가 들면서 신경계가 충분히 성숙, 발달하기 전에는 고치기 어려울 수 있습니다. 부모님이 꽤 많은 노력을 기울였음에도 불구하고 아이가 특정 음식을 계속 거부한다면, '내 아이의 현재 특성'으로 받아들이고 너무 강요하지 않는 태도가 필요합니다. 몇 가지 음식을 안 먹는다고 해도 필요한 영양소는 다른 음식이나 영양제를 통해서 얻을 수 있으니까요. 편식 문제를 고치려다가 그보다 더 중요한 부모-자녀 관계가 악화된다면 빈대 잡으려다 초가삼간 태우는 격이 될 수 있습니다.

24 : 특정 반찬만 먹으려고 할 때

아이가 찾는 반찬만 계속 만들어주는 엄마

오늘은 불고기랑 밥 먹자. 골고루 먹어야 키 크지.

싫어~ 고기 안 먹어. 햄 줘!

어미야, 얘 햄 좀 썰어줘라.

햄 줄게 고기도 먹자. 자, 어여 먹어.

싫어~ 싫단 말이야~

잠시 후

맨날 이렇게 햄만 먹어서 어떡하죠.

아직 5살인데, 괜찮어. 크면 다 먹게 돼 있어.

흥! 난 햄만 먹을 거야!

이러면 안 돼요_ 두 어른이 일관성 없는 태도로 훈육하는 것은 바람직하지 않습니다. 엄마와 할머니가 서로 다른 메시지를 아이에게 동시에 전달하고 있는데, 이렇게 되면 올바른 훈육을 할 수 없어요. 또한 아이의 입맛을 인정해 주는 것은 좋지만, 계속 아이가 원하는 반찬만 만들어준다면 편식 습관을 고치기 힘들어지죠. 게다가 떼를 써서 원하는 반찬만 얻어낸 아이는 '아하, 적당히 떼쓰면 내 맘대로 되는구나.'라는 걸 학습하게 되어, 음식 문제뿐 아니라 다른 행동에 대해서도 훈육이 잘 안 통하게 됩니다.

제대로 훈육하세요

편식하는 아이들은 어떤 음식을 먹느냐 마느냐로 엄마를 조종하는 경우가 많습니다. 이렇게 엄마를 좌지우지하는 태도가 고쳐지지 않으면 다른 생활까지 영향을 미쳐 '엄마 말은 귓등으로도 듣지 않는, 제멋대로인 아이'가 될 수 있죠. 그렇기 때문에 부모들은 아이의 편식 문제 하나를 다루더라도 훈육의 원칙을 아래와 같이 올바로 적용해야 합니다.

첫째, 어른들이 일치된 말과 행동을 보여야 합니다. 아이의 편식 문제에 대해 미리 어른들끼리 상의하여 어떻게 대처할 것인지 합일점을 찾아야지요. 현재 아이의 편식 문제가 정말 고쳐야 할 만큼 심각한지, 고쳐야 한다면 어떤 식으로 교정할지, 일단 어떤 음식부터 시도할지, 어떤 방법이 아이가 받아들이기에 적당할지 미리 합의한 다음 아이를 훈육하세요. 특히 부모와 조부모는 의견이 서로 다른 경우가 많기 때문에 아이가 떼를 쓰는 순간에 서로 옳고 그름을 따지지 않도록 주의해야 합니다.

둘째, 아이의 선택권을 염두에 두고 계획을 세워야 합니다. 아이에게 '무조건 먹어라.'가 아니라, '한 입만 먹기' 혹은 '좋아하는 반찬과 함께 먹기' 등 아이가 자율적으로 선택할 여지를 조금이라도 제공하는 것이 좋습니다. 그래야 아이의 독립성, 자율성 발달이 손상을 입지 않습니다.

셋째, 부모의 노력에도 불구하고 아이가 '아무것도 안 먹을 거야.'라는 선택을 할 수 있는데, 그렇더라도 여유 있게 받아들이세요. 아이의 저항에 휘둘려서 애걸복걸하거나 무섭게 협박하지 말아야 합니다. 아이의 행동을 교정할 때에는 '일관성 있는 엄격함'과 '협박하지 않는 따뜻함과 격려', 이 두 가지 태도를 균형 있게 취하는 것이 중요합니다.

부드러우면서도 단호하게 설명한 뒤, 아이에게 선택권을 주고 기다린다.

두 어른이 사전에 의논하여 일관된 계획을 세운다. 엄마와 할머니는 아이가 반찬을 직접 고르게 한 뒤, 스스로 먹을 때까지 기다려주자고 약속한다.

고기가 지글지글 아주 잘 구워졌죠?
아유, 정말 맛있다. 고기가 진짜 부드럽고 연하네.
반찬 접시 2개를 준비했어. 하나를 고르면 돼. 이 접시엔 고기만 있고, 이 접시엔 햄이랑 고기가 같이 있어. 접시를 하나 골라서 먹는 거야. ○○가 접시 고를 때까지 기다릴게.
불고기 양 많은 것
불고기와 햄 조금씩 섞은 것
뭐야, 이거. 싫어~
어쩌니, 그럼 배고플 텐데... 먹기 싫으면 어쩔 수 없지. 근데 조금 더 생각해보고, 혹시 둘 중 하나라도 먹고 싶어지면 말해줘~
엄마, 미워! 둘 다 안 먹어. 밥 안 먹을 거야.

어른이 맛있게 먹는 모습을 아이에게 먼저 보인다. 옆에 있는 아이를 의식해 즐거운 표정으로 정말 맛있다는 듯이 먹어야 한다.

반드시 하나는 선택해야 한다고 단호한 태도로 지시한다. 아이는 고기만 담긴 접시를 택하느니, 상대적으로 고기 양이 적고, 햄도 섞인 접시를 택하는 게 낫다고 생각할 것이다.

아이가 접시를 선택한 뒤

와! 잘했어! 어머님,
○○ 정말 멋지죠?
그럼! 우리 손자,
어이구 기특해라!

아이가 음식에 입을 대는 순간을 놓치지 말고 칭찬과 격려로 자신감을 불어넣어 주자.

이렇게 해보세요

식탁에 음식을 올릴 때, 아이에게 먹이고 싶은 음식부터 순서대로 올려보세요. 여러 음식을 한꺼번에 차려놓으면 좋아하는 것만 골라서 먹기 때문이죠. 잘 안 먹는 음식을 먼저 주고, 좋아하는 음식을 제일 나중에 주는 것이 좋아요. 또한 식사할 때 반찬을 반찬통에서 뚜껑만 열어 먹기도 하는데, 편식하는 아이들에게 식욕을 떨어뜨리는 요인이 되기도 해요. 되도록 반찬을 예쁘게 따로 담아서 주세요.

편식이 심할 경우엔 식사가 끝난 뒤 바로 후식을 주지 않도록 하고, 편식을 고치는 기간만큼은 달고 포만감 주는 간식을 끊는 것이 좋습니다. 골고루 잘 먹는 친구를 집에 초대하여 아이와 같이 식사하게 하는 것도 긍정적인 영향을 줄 수 있지요.

아이의 편식 때문에 힘들 때가 많겠지만, 좋은 습관이 몸에 배기까지는 오랜 시간이 걸리니, 차근차근 문제를 풀어가세요. 그러다 보면 아이의 변화를 조금씩 확인하는 기쁨을 얻게 되실 거예요.

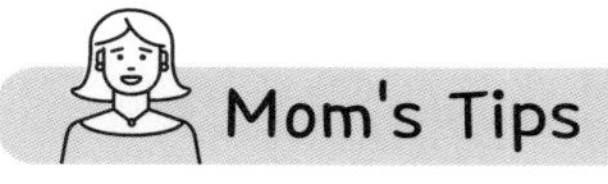

▶ **음식 재료와 친숙해지는 놀이하기**

☞ 식재료에 친근감이 생기면 그것으로 만든 음식에도 호기심이 생긴다.
"무랑 당근을 칼로 잘라서 모양을 만들어줄게. 그걸로 도장을 찍어보자."

▶ **싫어하는 음식 재료로 함께 요리하기**

☞ 음식에 대한 아이의 긴장감과 불안을 줄이고, 흥미를 불러일으킨다.
"오이를 썰어서 소금을 조금 뿌리자. 그러면 오이가 어떻게 될까?"

▶ **싫어하는 음식 재료는 조리법을 바꿔서 식탁에 올리기**

"오늘은 당근과 양파, 호박으로 야채 튀김을 만들어보자. 고소하고 맛있을 거야."

▶ **조금이라도 잘 먹는 게 있으면 칭찬 많이 하기**

"우리 ○○는 생선이랑 김도 잘 먹고, 달걀, 된장국도 잘 먹고, 잘 먹는 반찬이 몇 가지인지 한번 세어볼까? 하나, 둘, 셋, 넷……. 이야, 정말 많은데?"

▶ **함께 장을 보면서 좋은 식품, 해로운 식품 설명하기**

"같은 돼지고기지만, 햄은 몸에 안 좋아. 고기를 요리해서 먹는 게 몸에 좋아."

▶ **음식에 관한 동화책 읽기**

☞ 다양한 음식에 대한 흥미와 관심을 키우고, 음식에 대한 거부감을 줄이는 데 효과적이다.
"이 주인공도 생선을 싫어한대. ○○랑 똑같네? 우리 한번 읽어볼까?"

▶ **아이가 좋아하는 노래를, 음식과 관련된 재미있는 가사로 바꿔 부르기**

☞ '나는 ○○도 먹을 수 있어.' 등 자신감을 키워주는 내용의 가사를 넣어 부른다. 한 번만 부르고 마는 것이 아니라 꾸준히 함께 부르고, 율동까지 곁들이면 더욱 효과적이다.
"당당 당근 먹어보~자~♬♪ 난난 당근 먹을 수 있다, 우리 함께 당근 썰어서~♪"

▶ **텃밭이나 베란다 화분에 채소 심고 함께 관찰하기**

☞ 채소가 조금씩 자라는 모습을 보면서 채소에 대해 흥미를 느낄 수 있다.
"이리 와! 상추가 이렇게 자랐어. 잎이 저번보다 더 커졌지?"

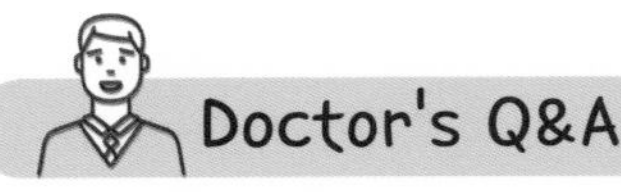

Doctor's Q&A

Q 아이가 비염이 있으면 편식이 심해질 수 있나요?

맛은 혀뿐 아니라 냄새를 통해서도 느낄 수 있습니다. 그래서 비염이 심한 아이들은 음식 맛을 충분히 느끼지 못해서 달고 짠 자극적인 맛에 길들여지기 쉽죠. 음식의 맛을 제대로 느끼지 못하면 편식이 심해지는 건 당연합니다. 편식이나 식욕 문제 해결을 위해서라도 비염에 대해 소아청소년과 선생님과 상의하세요.

Q 이유식도 잘 먹었고 그동안 골고루 먹던 아이인데, 언제부터인가 편식이 생겼어요. 왜 그럴까요?

나이가 들면서 자기 주장이 강해지기 때문에, 이전에 비해 음식에 대한 선호를 더 강하게 표현할 수 있습니다. 아이에게 음식에 대한 호불호가 생기는 것을 인정하되, 싫은 음식도 아예 안 먹는 것이 아니라 조금씩 맛은 볼 수 있도록 해주시면 됩니다.

Q 동생이 생기니까 어리광이 심해졌어요. 부모의 관심을 끌고 싶어서 그러는 것 같은데, 이럴 때 편식하는 건 받아줘도 되지 않을까요?

부모의 사랑과 관심은 '음식 먹는 문제'로 표현되고 받아들여져서는 안 됩니다. 잘못된 식사 습관은 바로잡아 주시되, 식사 시간 외에 아이와의 놀이 등 친밀하게 교감하는 시간을 가짐으로써 아이의 애정 욕구를 충분히 채워주세요.

Q 고기나 생선은, 동물을 죽여서 먹는다는 사실을 알게 되면서 아이가 육류를 거부해요. 어떻게 하면 좋을까요?

심리적인 트라우마에 의해서 특정 음식을 거부하는 경우가 있습니다. 동물을 죽이는 장면을 본 다음에 고기를 안 먹겠다고 하는 아이가 있죠. 고기나 생선의 맛 자체에 대해 거부감을 가지는 것은 아니니, 재료의 형태가 잘 보이지 않게 조리하여 먹이다 보면, 대개 어느 정도 지나 거부감이 사라집니다. 고기 먹는 문제에 대해서 자꾸 설득하고 혼내고 실랑이를 하다 보면 오히려 문제가 오래 지속될 수 있다는 사실을 잊지 마세요.

Q 아이가 정말 먹기 싫어하는 음식이 있다면 존중해야 하는 것 아닌가요?

먹기 싫어하는 음식을 강요하진 않더라도 아이가 선호하는 몇 가지 음식만 밥상에 올리는 것은 피해야 합니다. 그래야 다른 음식을 접할 기회를 가지게 되죠. 준비해준 음식을 먹을지 말지, 먹는다면 얼마나 먹을지는 아이의 뜻을 존중해야겠지만, 아이가 선호하지 않는다고 해서 아예 주지도 않는다면 편식 습관이 굳어져 버립니다. 또한 아이의 입맛만을 고려한, 아이 혼자만의 밥상을 차리기보다는 가족이 함께 식사하여, 아이가 다른 사람의 식사 습관도 보고 배우게 해야 합니다.

Tips 편식 습관을 고치는 데 효과적인 인형놀이

유치원 연령의 아이들은 아직 인지 능력이 충분히 발달되지 않아서, 부모가 말로만 설명했을 때는 제대로 이해하지 못할 때가 많습니다. 그래서 아이에게 어떤 메시지를 주고 싶을 경우엔 인형놀이와 같은 '놀이'를 통해서 이야기해주는 것이 훨씬 효과적이죠. 편식에 대해 이야기할 때도 인형놀이를 활용해보세요. 인형놀이는 극적인 효과가 있어서, 아이가 엄마의 이야기를 보통 때보다 더 집중력을 가지고 흥미진진하게 받아들일 겁니다.

❶ 가족 수에 맞는 인형 준비하기

관절이 움직여지는 '액션 피규어' 같은 인형이나 일반 인형 등 아이가 좋아할 만한 인형이면 어떤 것이든 괜찮아요. 인형 집도 있으면 좋은데, 없을 땐 상자 등으로 간단히 꾸며도 됩니다.

❷ 집에서 흔히 일어나는 일들로 놀이 시작하기

아이와 가족을 등장인물로 하면 아이가 자연스럽게 몰입할 수 있어요. 아이의 이름을 직접 사용하고, 집에서 일어나는 일들을 세밀하고 생생하게, 과장되게 표현할수록 아이가 재미있어 합니다.

예) 시우가 침대에서 쿠울~쿨 자는데, 엄마가 깨우네. "우리 이쁜 똥강아지, 얼른 일어나라." 엄마가 시우를 번쩍 안았는데, 앗! 시우가 너무 무거웠나 봐, 엄마 엉덩이에서 천둥 같은 방귀가 뿌우우웅~ 뿌우우웅~ "으악~ 냄새! 엄마 방귀는 지독해!" 시우가 쏜살같이 도망가네.

❸ 아이가 놀이에 빠져들면 본론에 들어가기

가족이 함께 식사하는 풍경과 아이의 모습을 묘사하세요.

예) 시우네 가족이 냠냠 꿀꺽 밥을 먹고 있네. 앗! 밥상에 시금치가 있네? 시우는 시금치가 먹기 싫어서 살금살금 도망가려고 해. 이때 엄마가 "키 쑥쑥 시금치 한 줄기만 먹으면 되는데? 한 줄기만 먹으면 네가 좋아하는 고기 줄게." 하셔. 시우는 어떻게 해야 하나 너무 고민이 돼.

❹ 해피엔딩

싫은 음식을 먹는 과정이 힘들겠지만, 그래도 먹고 난 뒤의 뿌듯함이나 자신감을 놀이 속에서 미리 느껴보면서 아이가 실제 상황에서 조금 더 용기를 낼 수 있게 됩니다.

예) 시우는 시금치가 너무너무 싫었지만, 그래도 눈을 꼭 감고 꼭꼭 씹어 먹었어. 엄마 아빠가 깜짝 놀란 눈으로 "우와~ 대단한데?" 하며 기뻐해. 시우가 할머니께 전화해서 시금치를 먹었다고 자랑하네. 할머니도 기분이 진짜 좋으신가 봐. 기분 최고로 좋은 날이라, 가족 다 같이 자전거 타고 공원에 소풍 가기로 했어.

❺ 놀이할 때 이야기한 내용을 실행하기

위의 놀이가 끝나면 바로 그날이나 다음 날 식사 시간에 아이가 시금치를 먹을 수 있게 준비하고, 시금치 먹기에 성공하면 실제로 할머니에게 전화하고, 가족과 함께 공원으로 소풍을 가야 합니다.

끊임없이 먹기 (식탐)

아기가 조금만 보채도 젖병을 물리거나, 아이가 짜증 낼 때 "우리 맛있는 거 먹을까?", "아이스크림 사줄 테니까 이제 좀 그만해." 하면서 아이의 불편한 감정을 음식으로 달래려는 부모님이 계십니다. 속상한 마음은 부모와 소통하면서 풀어야 하는데, 위로나 보상을 목적으로 맛있는 음식을 자꾸 이용하다 보면 습관이 될 수 있지요. 음식은 어디까지나 식욕과 허기를 채우기 위해 적당량 섭취해야지, 외로움, 속상함, 심심함 등을 풀기 위해 자꾸 먹게 되면, 이미 배가 부른 상태에서도 끊임없이 더 먹으려는 식탐이 생길 수 있습니다.

흔히 집에서 큰아이가 밥을 잘 먹지 않아서 자주 혼나는 경우, 그 모습을 보면서 자라는 작은아이가 '혼나기 싫고 칭찬받고 싶어서' 밥을 지나치게 많이 먹을 수 있습니다. 이것이 습관이 되면 식탐으로 발전할 수 있죠. 부모님 입장에선 큰아이가 안타깝고 답답하시겠지만, 밥 안 먹는 큰아이를 혼내거나, 작은아이에게 "넌 그러지 마라.", "너라도 잘 먹으니 얼마나 기특하니." 등 큰아이와 비교하는 식의 이야기는 하지 마세요. 밥을 조금 먹는 것이 혼날 일이 아니듯, 밥을 많이 먹는 것도 칭찬받을 일은 아닙니다. 식사에 관한 훈육과 칭찬은 올바른 식사 태도와 건강한 식습관에 대해서만 필요합니다.

25: 끊임없이 계속 먹으려 할 때

못 먹게 하려고 야단치는 엄마

이러면 안 돼요_ 먹으려는 음식을 빼앗으며 무조건 "안 돼!"라고 제재를 가하면 아이가 스트레스를 받아 음식에 더 집착합니다. 체벌을 가하거나 심하게 야단치면 아이의 자존감을 떨어뜨리고, 먹는 일 자체에 죄책감을 갖게 할 뿐만 아니라 아이와의 관계가 악화되어 식탐이 더 심해질 수 있습니다.

식사 시간에는 ▶ 포만감을 느끼게 도와주세요

식탐을 가진 아이에게는 무조건 못 먹게 하거나 덜 먹게 할 것이 아니라, 아이가 '건강하고 제대로 된 방법'으로 식사하면서 포만감을 느끼게 도와줘야 합니다. '덜 먹기'를 강조하다가 아이가 식사에 대해 죄책감을 갖게 되면, 청소년기에 거식증, 폭식증이 생길 가능성이 있으며, 자존감까지 낮아질 수 있습니다.

먼저 식탐을 불러일으킬 수 있는 나쁜 식사 습관부터 고쳐주세요. 포만감을 느끼지 못하게 하는 가장 나쁜 식습관은 '맛을 느끼지 않고 대충 씹어 빨리 먹기'입니다. 그러니 아이에게 음식을 줄 때 양을 조금씩 나눠서 주고, 한 번 입에 넣은 음식은 천천히 씹어 먹게 하여 맛을 음미할 수 있게 하세요. 그리고 아이가 음식 먹는 과정을 느긋하게 즐길 수 있는 분위기를 조성해주세요. 먹는 양은 똑같아도 포만감은 더 많이 느낄 수 있습니다.

평소에는 ▶ 함께 놀면서 애정 욕구를 채워주세요

아이의 식탐 문제로 고민하는 부모님들 대다수가 평소에 어떻게 대처해야 할지는 깊이 생각 안 하고, 아이를 무조건 못 먹게 해야겠다는 생각만 합니다. 그러나 그렇게 해서는 문제를 해결하기 어렵지요. 무엇보다 일상생활에서의 부모 역할이 더 중요합니다. 평소에 아이가 혼자 노는 것에 익숙해져 있다면 '엄마 아빠와 함께 노는 맛'을 알도록 해주세요. 3~6세 아이는 혼자 노는 것보다 함께 노는 것을 더 즐거워하니까요. 또 아이가 다른 사람과 함께 놀고 싶어 하는 모습이야말로 사회성이 제대로 발달하고 있다는 증거입니다. 그러니 평소에 부모와 상호작용이 많은 놀이를 자주 하는 것이 좋습니다.

배고프다고 하면 ▶ 정말 배가 고픈지 확인하세요

배고픈 것도 아닌데 뭔가 먹고 싶을 때는 흔히 '입이 심심하다.'고 하지요. 아이들은 입이 심심해서 먹고 싶은 것을 '배고프다.'고 표현하곤 합니다. 심심함과 배고픔을 혼동하는 것이죠. 그러므로 아이가 먹을 것을 달라고 할 때는,

1단계 - 배고파서 먹고 싶은지, 입이 심심해서 먹고 싶은지 먼저 확인하세요. 먹은 지 얼마나 되었고 무엇을 먹었는지 확인하고, "배는 안 고픈데 심심해서 그냥 먹고 싶어?", "배가 아주 조금 고파, 아주 많이 고파? 그냥 보통으로 고파?" 등으로 질문하거나 배를 만져서 얼마나 부른지 확인하세요.

2단계 - 배고픈 게 아니라면 함께 놀자고 제안하세요.

3단계 - 배고프다면, 음식을 작게 잘라, 부모와 대화하면서 천천히 맛을 느끼며 먹게 하세요.

먹고 싶은 마음은 알아주되, 먹을 양과 먹는 방법을 조절해준다.

배고파서 바나나
먹고 싶구나. 알았어. 근데
잠깐만. 먼저 물부터 마시자.
다 마시면 바나나 줄게.

아이의 마음을 공감해준 뒤, 물을 먼저 마시게 한다. 물을 마셔 배가 불러지면 먹는 양을 줄이는 데 도움이 된다.

이걸 다 먹으면 배
아프고 토할 수 있어. 엄마가
바나나 2개를 썰어서 접시에
담아줄 테니까, 포크로
하나씩 찍어 먹자.

아이가 급하게 많이 먹지 않도록 음식을 작게 썰어서 접시에 담아준다. 여러 번에 나눠서 천천히 먹는 습관을 들이는 것이 중요하다.

자, 한 입 넣고, 한 번,
두 번, 세 번, 네 번, 다섯 번.
천천히 씹어서 삼키자!

엄마가 먼저 꼭꼭 씹는 모습을 보여주면서 아이도 따라하게 한다. 숫자를 세면서 씹는 연습을 자꾸 반복하면 천천히 먹는 습관을 기르는 데 도움이 된다.

바나나 진짜
맛있겠다! 엄마도 한 입
먹고 싶은데, 줄래?
응, 엄마도 아~

아이가 오로지 먹는 데만 신경 쓰며 혼자 정신없이 먹지 않도록, 가족이 서로 즐겁게 대화하며 음식을 나눠 먹는 것이 좋다.

이렇게 해보세요

한창 성장하는 시기에 먹는 양을 지나치게 줄이면 오히려 성장에 방해가 되므로, 영양은 고루 섭취하면서 단계적으로 양을 조절해주는 것이 바람직해요. 아이가 유난히 집착하는 특정 음식이 어떤 것인지 살펴보고, 평소에 무엇을 얼마나 먹는지 노트에 기록하세요. 그렇게 해서 아이가 하루에 섭취하는 열량을 가늠하고, 당분이 많거나 열량이 높은 음식을 대체할 수 있는 다른 음식이 있는지 찾아보세요.

아이가 TV를 보면서 음식을 대충 삼키거나 먹는 일 자체에 너무 몰두하지 않도록, 식사할 때 TV 대신 잔잔한 음악을 틀어놓고 아이와 즐거운 대화를 나누세요. 이때 서서히 포만감을 느낄 수 있게 30분 정도 시간을 두고 천천히 식사하게 해요. 간식도 집에서 간단히 아이와 함께 만들면 좋지요. 간식이 완성될 때까지 '먹고 싶어도 참는 연습'을 하면서 음식에 대한 욕구 지연 능력을 기를 수 있어요. 또한 먹는 것에 대한 관심을 공놀이, 훌라후프, 트램펄린, 줄넘기 등의 신체 활동으로 전환시킬 수 있게 부모님이 꾸준히 도와주세요.

Mom's Tips

▶ **저녁에는 식사량을 줄이고, 아침에 충분히 먹게 하기**
"저녁에 많이 먹으면 살이 찌지만, 아침엔 든든하게 먹어야 기운이 난대. 그러니까 우리 아침밥을 잘 먹자."

▶ **식판을 사용해 음식량 조절하기**
"반찬을 식판에다 먹을 만큼만 덜어서 먹자. 먹고 싶은 반찬을 고르면 엄마가 덜어 줄게."

▶ **아이와 함께 부엌용 가위나 칼로 음식을 한 입 크기로 잘라서 먹기**
☞ 가위나 칼을 부모의 도움으로 사용하게 해주면, 아이의 관심을 분산시켜 먹는 데만 집착하지 않고 작게 잘라서 먹는 일에도 흥미를 갖게 된다.
"엄마가 먼저 자르는 거 잘 봐. 이 정도로 자르면 돼. ○○도 해볼래?"

▶ **숟가락 대신 젓가락을 사용하게 해서, 한 번 입에 넣는 음식량 줄이기**
"오늘은 우리 모두 젓가락으로 먹어보자. ○○도 젓가락으로 밥 잘 먹을 수 있지?"

▶ **먹고 싶은 것을 잘 참았을 때 많이 칭찬하고 격려하기**
"더 먹고 싶었는데, 너무 배부르면 안 되니까 그만 먹었구나. 정말 잘 참았네!"

▶ **평소에 스트레칭도 함께 하고, 가까운 놀이터나 공원에서 운동하기**
"팔과 다리를 엄마처럼 쭉쭉 뻗어보자. 맞아, 그렇게 하는 거야. 잘했어!"

Doctor's Q&A

Q 식탐이 생길 만한 체질적인 이유가 있나요?

프래더 윌리 증후군 같은 유전질환, 뇌의 병변 등이 있을 때 과도한 식욕과 비만 등이 생기기는 하지만 흔한 일은 아닙니다. 아이의 과식과 비만이 심한 경우에는 소아청소년과 선생님과 상의하셔야겠지만, 신체적인 원인인 경우는 굉장히 드뭅니다. ADHD가 있는 아이들은 자신의 욕구를 억제하는 능력이 부족하기 때문에 과자, 아이스크림, 사탕 등 단 음식에 대한 유혹을 참기가 더 어려울 수 있습니다.

Q 부모가 뚱뚱한 것과도 연관이 있나요?

부모를 닮아서 과식, 폭식, 야식 등을 하고 비만해지는 경우가 많습니다. 이런 아이들은 유전적인 원인보다는 부모의 잘못된 식습관을 닮은 경우가 대부분이죠. 비만일 경우, 정해진 식사 시간 외에는 야식을 하지 말아야 하며, 뇌의 포만중추를 자극시켜 포만감을 충분히 느낄 수 있도록 식사를 20분 이상 천천히 하는 식습관을 가져야 합니다.

돌아다니며 밥 먹기

식사 시간인데 식탁에 오지 않고 계속 돌아다니거나, 엄마가 먹여주지 않으면 밥을 먹지 않는 아이는 훈육이 필요합니다. 하지만 아이가 평소에 밥을 잘 안 먹는 등의 문제로 부모님이 고민하신다면, 식사 태도를 훈육하기 전에 '밥을 잘 안 먹는 문제 (140쪽의 〈안 먹어〉 참고)'부터 해결해야 합니다. 이 문제가 해결되지 않으면, 아이가 "그럼 밥 안 먹을 거야." 라고 고집부리며 엄마를 좌지우지할 수 있죠. 결국 엄마는 아이가 안 먹을까 봐 불안해져서 제대로 훈육을 못 하게 됩니다.

식사하는 일이 '엄마 좋으라고' 혹은 '칭찬받으려고' 하는 것이 아니라 '내가 배고프니까 먹는다.'라는 인식이 아이에게 있어야 합니다. 아이의 인식 자체가 바뀌지 않고서는 식사 태도에 대해 아무리 훈육해도 소용이 없습니다.

26: 식사 시간에 놀면서 돌아다닐 때

계속 쫓아다니며 밥 먹이는 엄마

이러면 안 돼요_ 식탁에 안 오면 밥을 치우겠다, 간식 안 주겠다고 경고해도, 결국은 엄마가 자기를 쫓아와서 밥을 먹여주기 때문에, 아이는 식탁에 앉아서 먹을 필요성을 못 느낍니다. 또한 엄마가 아이의 장난을 가볍게 나무라는 행동이 아이 눈에는 장난치고 노는 것처럼 느껴져 식사 시간과 놀이 시간을 구분할 수 없게 되죠. 아이에게 한 숟가락이라도 더 먹이고 싶은 의도에서 시작된 엄마의 '떠먹여 주기'가 나쁜 식습관으로 굳어질 수 있습니다.

: 장난감을 치우고 밥상에 앉힌 뒤, 놀지 못하게 한다.

지금은 밥 먹는 시간이니까 장난감은 여기다 놓는 거야. 나중에 갖고 놀아.

말로 해서 안 될 때는 아이에게 직접 다가가서 어떻게 해야 하는지 단호하게 행동으로 보인다.

밥 안 먹을 거니? 안 먹더라도 자리엔 앉아있어야 돼.

혼내듯이 말하면 아이가 벌 받는 것으로 오해하므로, 차분한 목소리로 밥을 먹을 것인지 물어보고, 먹든 안 먹든 자리에 앉아있어야 한다고 말한다.

잠시 후

일어나면 안 돼. 어서 앉아. 식사 시간 끝날 때까진 못 놀아.
치! 놀 거야.

아이가 자리에서 일어나지 못하게 제지할 때, 말과 행동을 차분하고 단호하게 한다.

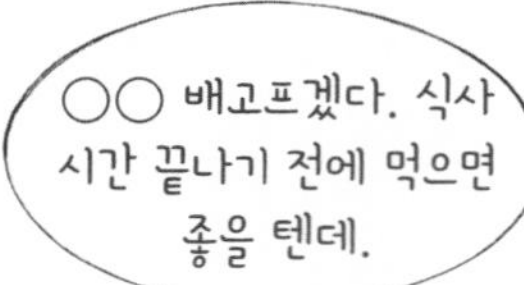
○○ 배고프겠다. 식사 시간 끝나기 전에 먹으면 좋을 텐데.

반항적인 태도에 화내지 않고
식사를 권해본다.

배 안 고파! 흥!

이제 상 치워야 되는데, 너 정말 안 먹어도 괜찮아?
안 먹어. 메롱~

밥 먹을 의사가 있는지 마지
막으로 확인한다. 이때 아이
가 안 먹겠다고 하더라도 비
난하거나 혼내지 않는다.

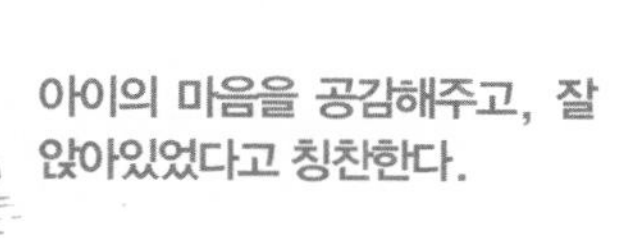
놀고 싶은데 앉아있느라 힘들었지? 배고프지도 않은데 잘 참고 앉아있었네. 우리 ○○ 참 기특해라!
꼬르륵

아이의 마음을 공감해주고, 잘
앉아있었다고 칭찬한다.

먼저 아이를 식탁으로 데려오세요

신나게 놀고 있는 아이에게 '그만 놀고 식탁에 와서 밥을 먹을 건지' 혹은 '좀 혼나더라도 계속 놀면서 엄마가 떠먹여 주는 밥을 먹을 건지'를 선택하라고 하면, 당연히 후자겠지요. "지금 와서 먹지 않으면 밥 치운다."고 경고하더라도, 놀이에 정신 팔린 아이에게는 효과가 없습니다. 식탁으로 올지, 계속 놀지 아이에게 선택을 맡기지 마세요. 아이에게는 식사 시간에 '밥을 먹을지 안 먹을지'만 선택하게 해야 합니다.

먼저 식사보다 더 재미있는 일들(TV, 장난감 등)을 못 하게 한 다음, 아이를 식탁으로 데려와 앉힌 뒤, '밥을 먹을지 안 먹을지' 선택하게 하세요. 단, 식사 시간에는 아이가 밥을 먹든 안 먹든 놀지 못하게 해야 하며, 적어도 가족의 식사가 끝날 때까지는 식탁에 앉아있게 합니다.

만약 밥 안 먹는 대신에 놀 수 있고 TV를 볼 수 있다면, '안 먹겠다.'고 버틴 행동에 대해 아이가 보상받는 셈이 됩니다. 아마도 평소에 돌아다니고 놀면서 밥 먹던 아이는, 부모가 식탁에 와서 앉으라고 하면 "밥 안 먹어, 놀 거야." 하면서 버틸 가능성이 높겠죠. 그러나 부모가 단호한 태도로 놀지 못하게 제지한다면, 아이는 자신이 아무리 고집부리고 버텨도 아무런 이익이 돌아오지 않는다는 사실, 즉 밥도 못 먹고 놀지도 못한다는 걸 깨닫습니다. 이런 식의 훈육으로 나쁜 식사 습관을 서서히 고쳐나갈 수 있게 도와주세요.

식사 시간이 되어도 아이가 놀고 있을 때
엄마: "어서 와. 열 셀 거야. 열 셀 동안 식탁에 와야 돼.
하나, 둘, 셋… 아홉, 열!"

아이가 오긴 하지만 투덜거릴 때

아이 :
"싫어, 안 고파, 놀 거야, 안 먹어, TV 보면서 먹을래, 맘에 드는 반찬 하나도 없어."

↓

엄마 :
"먹기 싫어? 안 먹어도 되는데, 식사 시간이니까 앉아있어. 식사 시간 끝나고 놀 수 있어."

↓

아이가 투덜대면서도 식탁을 떠나지 않고 조금이라도 먹으면, 투덜거린 것에 대해선 혼내지 않는다.

↓

1. 공감하기
"계속 놀고 싶은데 억지로 식탁에 오라고 해서 많이 속상했겠다."

2. 칭찬하기
"식탁에서 밥을 먹었구나. 정말 잘했어! 아주 기특해! 이젠 식사 시간 끝났으니까 놀아도 돼."

오지 않고 계속 놀 때

직접 가서 놀이를 중단시키고 아이를 억지로라도 데려온다.
(화내진 않지만, 행동은 단호하게)

↓

삐쳐서 안 먹고 버텨도 절대 혼내지 않는다.
"배고프지 않겠어?"염려하며 식사를 권유하기만 한다.

↓

식사 시간이 끝나면 "너 정말 안 먹어도 되겠어?"라고 물어본 뒤 상을 치운다. 안 먹는 것에 대해선 혼내지 않는다.

↓

1. 공감하기
"배고프지도 않고, 계속 놀고 싶은데 억지로 오라고 해서 속상했겠다."

2. 칭찬하기
"먹기 싫은데도 와서 잘 앉아있었네. 아주 기특해! 이제 놀고 싶으면 가서 놀아도 돼."

이렇게 해보세요

식사와 놀이를 구분할 수 있게, 밥상과 놀이 테이블은 따로 사용하는 게 좋아요. 24개월이 지난 아이에게는 식탁 의자를 마련해주는 등 식사하는 자리를 일정하게 정하고, 적은 양부터 서서히 양을 늘려가며 혼자서 먹을 수 있게 해주세요. 4살 이후로는 아이가 충분히 혼자서 먹을 수 있기 때문에, 부모가 꼭 먹여줄 필요는 없어요. 아이가 혼자 먹기 힘들어할 때 약간씩 도와주는 건 괜찮지만, 먹여주는 것이 습관화되면 안 되지요. 아이가 좋아하는 캐릭터가 그려진 식기나 수저 등을 사용해 스스로 식사하는 즐거움을 느끼게 하고, "○○가 스스로 잘 먹을 거라고 믿어. 잘 먹고 쑥쑥 클 거야!" 등 아이 혼자서 잘 먹을 수 있다는 믿음과 긍정적인 메시지를 전해주세요.

27: TV 틀어주면 밥을 먹겠다고 할 때

허용하고 나서 짜증 내는 엄마

엄마 팔 빠진다.
어서 와라 좀!
만화 보면서 먹을 거야~

이러면 안 돼요_ 수용하기 어려운 아이의 행동을 마지못해 허락한 부모는, 결국 화를 내기 쉽습니다. 이 상황에서 부모님의 잘못은, (1) 밥 먹을 때 TV 보는 걸 허용한 점, (2) 밥 먹는 일을 타협의 대상(TV 보여주면 먹겠다)으로 만든 점입니다. TV를 틀어야 밥을 먹겠다는 아이의 요구를 들어주면, 밥은 '엄마를 위해 먹어주는' 일이 되어버립니다. 이렇게 되면, 밥은 배고파서 먹는 거라는 개념을 아이에게 심어주기 어렵죠. 또한 아이가 혼자서 먹는 습관을 키우려면, 스스로 수저를 사용하면서 식사에 집중할 수 있어야 합니다. 그런데 TV를 틀어주면 시선이 온통 TV 화면에 쏠려, 식사하는 데 전혀 집중할 수 없고, 엄마가 먹이기까지 하니 스스로 식사하는 습관을 기르기가 더더욱 어려워집니다.

TV 보면서 먹지 못하게 하고, 인형을 활용해 즐겁게 먹도록 돕는다.

앞으로는 식사 시간에 TV 틀지 않을 거야.
틀어줘~ 엄마~ 한 번만~

밥을 먹을 때 TV를 볼지 안 볼지는 아이가 선택할 문제가 아니다. 아무리 조르고 떼써도 단호하게 거절해야 아이 행동을 바로잡을 수 있다.

네가 아무리 그래도 소용없어. 밥 먹을 때 TV는 안 돼.

아이가 안쓰럽더라도 흔들리지 말고 일관된 행동을 보여야 한다.

잠시 후

안녕! 난 밥나라 인형이야. 어서 와서 앉아봐.
반가워! 난 ○○야.

아이가 흥미를 가질 만한 손인형 등을 활용해 식탁에 오게 한다.

씹는 소리를 다양하게 내서 음식의 질감과 맛을 충분히 느끼게 하고, 즐겁게 먹을 수 있는 분위기를 만든다.

아이가 혼자서 먹으면 듬뿍 칭찬하고 격려해서, 스스로 먹고 싶은 동기를 부여한다.

이렇게 해보세요

식사할 때는 아이만 먹게 하지 말고, 가족이 다 함께 모여서 즐겁게 식사하는 분위기를 만들어주세요. 어른이 먼저 식사를 마쳤더라도 아이가 다 먹을 때까지 같이 앉아서 격려해주는 것이 아이의 식습관을 개선하는 데 도움이 됩니다. 이때 인형을 재미있게 활용하면 아이 스스로 먹으려는 의지를 북돋워 줄 수 있어요.

아이가 아직 혼자 먹는 일이 익숙하지 않다면, 처음에는 3순갈 혼자 먹고 나머지는 엄마가 도와주고, 차차 4, 5순갈로 목표를 올리세요. 혼자 먹는 일에 어느 정도 익숙해질 때까지는 목표대로 잘 먹었을 때 칭찬 스티커를 줘서 동기를 부여해도 좋습니다. 무조건 먹으라고 강요하기보다는 잘 먹어야 키도 크고 아프지 않다고 설명하면서, 아이 스스로 자기 몸을 돌봐야 한다는 인식을 심어주세요.

반찬은 평소에 아이가 즐겨 먹던 것부터 만들어주면서 조금씩 다른 음식을 시도하는 것이 좋아요. 그래야 아이가 식사 시간을 즐기면서 먹을 수 있죠. 음식 기호는 자라면서 자주 바뀌기 때문에 안 먹는 음식을 억지로 먹이지 말고, 잘 먹는 음식에 약간씩 섞어서 맛을 보게 하세요. 많이 먹이는 것보다 아이가 즐기면서 먹는 것에 초점을 두도록 합니다.

Mom's Tips

▶ **간식은 정해진 시간에 적당량 주기**
"간식 많이 먹으면 나중에 밥맛이 없어져. 그러니까 요만큼만 먹자."

▶ **식욕이 생길 수 있게 바깥놀이 하기**
"아빠랑 놀이터 가서 미끄럼틀이나 그네 탈까? 그런 다음에 저녁 먹자."

▶ **매일 일정한 시간에 정해진 장소에서 식사하기**
"지금은 식사 시간이야. 너는 이 의자에 앉아서 먹으면 돼."

▶ **가족이 다 함께 식사하는 분위기 만들기**
"아빠는 컴퓨터 그만하시고, ○○는 장난감 두고 모두 식탁으로 오세요! 즐거운 식사 시간입니다! 딸랑딸랑!"

▶ **식사 시간에는 호기심 자극하는 물건 치우기**
"자, 식탁에 있는 장난감은 모두 치우자. 이제 저녁 먹을 거야."

▶ **식사 예절 부드럽게 가르치기**
"밥 먹을 때는 돌아다니면 안 되는 거야. 집에서도 어린이집에서도 가만히 자리에 앉아서 먹어야 돼. 하지만 화장실 가고 싶을 땐 잠깐 다녀와도 된단다."
"밥 먹기 전에는 '잘 먹겠습니다. 맛있게 드세요.'라고 말하는 거야."

▶ **식사 전에 아이 손을 잡고 식당 구경시켜 주기**
"식당에 신기한 게 많아서 궁금하지? 아빠랑 먼저 구경하고 밥 먹자. 대신 밥 먹을 때는 돌아다니면 안 된다. 약속!"

▶ **음식을 입에 넣고 뛰어다니면 위험하다고 경고하기**
"음식을 잔뜩 입에 물고 뛰어다니다가 꽝 부딪치면, 음식이 목에 걸려서 숨도 못 쉬고, 병원 가야 돼. 먹을 때는 꼭 앉아서 먹자."

▶ **식탁에 잘 앉아있을 때 칭찬하기**
"돌아다니지도 않고 잘 앉아있네. 우리 ○○ 정말 멋지다!"

▶ **조금이라도 잘 먹으면 함께 놀아주기**
"오늘 ○○가 혼자서 잘 먹었으니까 같이 놀아줄게. 우리 풍선놀이 할까? 비눗방울 놀이 할까?"

Doctor's Q&A

Q 돌아다니면서 밥을 먹어도 괜찮은 거 아닌가요? 어린애인데, 엄격하게 훈육할 필요는 없을 것 같은데요?

아이의 식사 습관에 대한 부모님들의 가치관은 다양할 수 있습니다. 식사는 꼭 식탁에서 가족들과 같이 해야 한다고 생각하는 부모님도 있고, 어린아이들은 그냥 왔다 갔다 놀면서 밥을 먹어도 된다고 생각하는 부모님도 있고요. 공공장소에서 다른 사람에게 피해를 주지 않는 한, 어떤 것이 옳다 그르다 단정 지을 수는 없습니다. 중요한 것은 부모님의 가치관과 훈육 방향의 일관성입니다. 그래야 아이가 부모의 반응을 예측할 수 있고, 부모의 반응을 예측할 수 있어야 자기 행동을 바로잡아 나갈 수 있겠죠. 예를 들어 아이가 식사 시간에 장난감을 가지고 노는 일이 종종 있는데, 이런 행동을 부모가 어떤 날은 기분 좋게 허용했다가 어떤 날은 야단치면서 제지한다면, 아이는 일관성 없는 부모의 태도에 혼란스러워하겠지요. 부모님 생각에 아이의 행동이 옳지 않다고 판단하셨다면, 계속 일관되게 훈육하셔야 합니다.

Q 동생을 보고 난 후에, 혀 짧은 소리를 하면서 아기처럼 굴고, 요즘에는 밥까지 먹여달라고 하네요. 이런 걸 다 받아줘도 될까요?

마음이 불안하고 힘들면, 어리광 부리고 싶어지는 게 인지상정이죠. 여건이 된다면 밥도 먹여주시고, 아기 대하듯 해주세요. 아이가 아기 대접을 실컷 받으며 엄마의 사랑이 변하지 않았다는 확신이 들면, 아기처럼 구는 행동을 자연스럽게 그만둘 것입니다.

Q 식사 때 가만히 앉아있지 못하는 습관 때문에 달래도 보고, 훈육도 했지만 달라지질 않네요. 혹시 ADHD일까요 ? 그렇다면 어떻게 해야 할까요?

전문가의 상담을 받는 게 좋습니다. 혹시 '의사 선생님이 우리 아이에게 약을 권하면 어떡하지?'라는 걱정은 안 하셔도 됩니다. 만 6세 이전의 아이에 대해선 ADHD 진단을 쉽게 내리지도 않고, 약 처방을 하는 경우도 굉장히 드뭅니다. 만약 ADHD가 의심되는 경우라면, 부모님의 양육 방식에 대한 전문적인 조언이 꼭 필요합니다.

Part

03

씻기·옷 입기 싫어하는 아이

아이를 설득하는 데 에너지를 다 쏟고 나서 짜증 내지 마세요.
쉽게 설득되지 않는다 싶으면 즉시 '화내지 않는 강제력'을 사용한 뒤,
남는 에너지로 아이를 위로하는 것이 현명합니다.

안 씻을 거야

유명한 심리학 실험이 있습니다. 강아지에게 먹을 것을 주기 전에 종소리를 들려줬더니, 나중에는 종소리만 들려줘도 군침을 흘리면서 반기더라는 것이죠. 몸의 기억, 감정의 기억은 반복되는 경험을 통해 학습됩니다. 목욕할 때마다 기분 나쁜 일을 반복해서 겪으면, 아이에게 목욕은 싫은 일이 되지요. '목욕=불쾌한 일'로 부정적인 감정이 학습되어 아이는 목욕할 때마다 저항합니다.

이런 식으로 학습된 부정적인 감정은, 그것과 반대되는 긍정적인 경험을 꾸준히 반복해야 사라질 수 있습니다. 앞서 말한 실험에서, 강아지에게 종소리를 들려줄 때는 먹을 것을 주지 않고 종소리 없이 먹을 것을 계속 준다면, 나중에는 종소리를 들려줘도 군침을 흘리지 않겠죠. 다만 여기서 유념해야 할 사실은, 나쁜 감정은 쉽게 학습되는 반면, 유쾌한 감정은 더디게 학습되는 경향이 있다는 점입니다. 그러므로 아이의 변화를 위해선 긍정적인 경험을 끈기 있게 반복시키는 일이 필요합니다.

28: 목욕하기 싫다고 고집부릴 때

화내며 야단친 뒤 거칠게 씻기는 아빠

이러면 안 돼요_ 목욕하는 일에 거부감을 가진 아이에겐 '기분 좋은 목욕'으로 거부감을 없애야 하는데, '괴롭고 힘든 목욕'을 시키면 곤란합니다. 이렇게 억지로 씻기면 반감이 생겨 아이가 씻는 것을 싫어하게 되지요. 특히 아빠들은 힘이 세서 비누칠할 때 세게 문지르기 쉬운데, 아이 피부는 연약하기 때문에 살갗이 아플 수 있습니다. 아이가 따갑다고 괴로워하는데도 무조건 참으라며 힘으로 밀어붙인다면, 목욕을 점점 더 고통스러운 일로 만드는 셈입니다.

강제력도 필요합니다

목욕이나 양치질은 아이의 위생과 건강을 위해서 반드시 필요한 일이므로, 부모가 아이를 설득하고 아이로부터 동의를 받아야 하는 일이 아닙니다. 어느 아이나 예방주사를 싫어하지만, 주사 맞는 것에 대해 부모가 아이를 설득하지 못했다고 해서 예방주사를 포기하지는 않죠. 마찬가지로 아이가 싫어하더라도 목욕은 꼭 해야 하는 일입니다. 아이의 의견을 존중하는 것도 좋지만, 쉽게 설득되지 않는다면 목욕은 강제로라도 시켜야 합니다. 대신 씻는 과정에서 기분을 충분히 풀어주고, 한두 가지라도 유쾌한 경험을 시켜주세요.

'목욕을 시작할 때는 억지로 하느라 기분 나빴지만, 하다 보니 기분 좋네.'라는 느낌을 받게끔 하시면 됩니다. 강제로 시작한 목욕이지만 목욕하는 과정에서는 아이의 의견을 많이 존중해주세요. 목욕할 때 '지금 할지, 5분 뒤에 할지' 혹은 '샤워로만 할지, 탕 목욕을 할지', '목욕만 할지, 목욕 후에 물놀이도 할지', '목욕하면서 물총놀이를 할지, 오리 목욕놀이를 할지'는 아이의 선택에 맡기는 거죠. 하기 싫은 목욕을 억지로 시키는 것만으로도 아이에겐 매우 불쾌한 경험이므로, 목욕 중에는 아이가 좋아하는 활동을 충분히 하게 해서 유쾌한 느낌을 받을 수 있도록 도와주세요.

욕실에 데려갈 때는 '화내지 않는 강제력'을 사용한다.

예고하기

"만화 끝나면 목욕할 거야." 등의 말로 예고한 뒤, 어떻게 씻을지 선택권을 준다. 이때 아이가 무조건 거부하고 싶다고 해도 실랑이 벌이지 않는다.

목욕하기 싫구나. 그래도 몸을 깨끗이 하려면 목욕은 해야 돼. 셋 셀 동안 안 일어나면 아빠가 번쩍 들고 갈 거야. 자, 하나~ 두울~

퍼즐 다 맞추면 목욕하러 간다. 샤워할래, 아니면 목욕물 받아서 할래?
싫어. 안 씻을 거야.

강제력 사용하기

먼저 아이의 씻기 싫은 마음을 알아준 다음에 설득한다. 그러나 쉽게 설득되지 않는다면 부모가 지치기 전에 '화내지 않는 강제력'을 사용한다.

마음 알아주기

씻기 싫은 이유나 씻을 때 어떤 점이 힘든지 물어보면서 아이 기분을 풀어주자. 만약 계속 기분이 풀어지지 않는다면 우선은 묵묵히 씻기고 난 뒤에, 물놀이 등의 즐거운 경험을 시킨다.

선택권 주기

씻을 때 힘들었던 아이 마음을 공감해주고, 즐겁게 씻는 방법을 아이가 선택하게 한다.

즐거운 경험 시켜주기

그럼 ○○가 앞을 닦으면, 아빠는 뒤에서 등 닦을게. 누가 거품 많이 내나 시합해볼까?
내가 이길 거야!

부모가 먼저 씻는 방법을 설명하고, 씻는 모습도 보여주면서 아이가 따라 하게 한다. 이때 비눗방울놀이, 거품놀이 등을 하면서 즐겁게 목욕하는 분위기를 만들어주자.

위로하기

아까는 속상했지? 그래도 씻고 나니까 개운하고 좋지?

"아까는 씻기 싫었는데 아빠가 억지로 씻으라 해서 속상했어?" 등의 말로 위로한다. 다행히 씻는 과정에서 기분이 풀어져 즐겁게 목욕을 마쳤더라도, 처음에 속상했던 마음은 반드시 언급하고 넘어간다.

아이에게 화내지 않으려면?

아이에게 신경질 내는 게 좋지 않다는 것을 알면서도, 참지 못하고 화내게 되는 것이 우리의 모습입니다. 그러나 목욕하기 싫다는 아이를 씻기기 위해서 처음부터 화내는 부모님은 없을 겁니다. 기분 좋게 씻기려고 처음에는 곱게 설명도 하고, 아이가 좋아하는 것으로 유혹하기도 하고, 살짝 으름장도 놓아보지요. 그러나 아이가 끝까지 버티면 점점 인내심이 한계에 다다르면서 화내게 됩니다. 그렇게 화가 나 버리면 거친 말도 내뱉고, 억지로 씻기면서 말 안 듣는 아이를 찰싹 때리기도 하죠. '내가 왜 그랬나.' 하는 후회가 들지만, 이미 진이 빠져버린 후라서 아이를 위로하고 싶은 마음도 들지 않습니다.

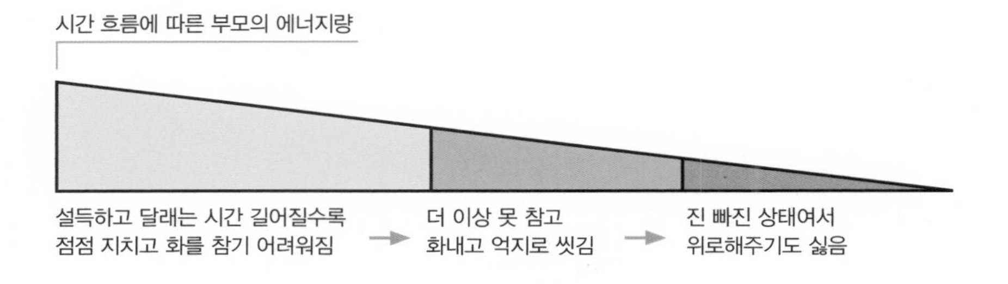

부모가 아이에게 화내지 않고 항상 참을 수 있는 요령이란 없습니다. 쉽게 설득되지 않는 아이라면, 부모가 화내기 전에 억지로 시키는 게 훨씬 낫습니다. 물론 하기 싫은 것을 억지로 하니까 아이는 당연히 반항할 겁니다. 하지만 부모에게 에너지가 남아 있어야 씻기는 과정도 수월하고, 무엇보다 나중에 아이의 마음도 헤아리고 달랠 수 있습니다. 부모도 사람이고 에너지엔 한계가 있으니까요. 아이를 설득하는 데 에너지를 다 쓰고 나서 짜증 내지 마세요. 쉽게 설득되지 않는다 싶으면 즉시 '화내지 않는 강제력'을 사용한 뒤, 남는 에너지로 아이를 위로하는 것이 현명합니다.

이렇게 해보세요

목욕할 시간이라고 알려준 뒤, 욕실까지 아이를 그냥 데려가기보다 목말을 태우거나 가위바위보로 한 걸음씩 가기 등을 해보세요. 아이가 좋아할 만한 방법을 시도하면 즐겁게 목욕하는 분위기를 만들 수 있어요. 그리고 목욕할 때는 엄마나 아빠의 등을 수건으로 밀어달라고 부탁하거나 더러워진 장난감이나 인형을 아이가 직접 씻게 하는 등 능동적인 역할을 맡겨보세요. 거품 비누나 목욕용 장난감을 활용해 놀이를 살짝 곁들인다면 목욕이 아이에게 기분 좋은 경험이 될 거예요.

목욕이 끝난 뒤, 수건으로 몸을 닦아주거나 로션을 온몸에 발라줄 때도 조금 장난스럽게 아이 몸을 간질이거나 톡톡 치듯 재미있게 해주면 '목욕하면 즐겁구나.'라고 기대할 수 있어요. 평소 욕실 분위기가 차갑고 어두운 편이라면, 아이가 욕실을 친근하게 느낄 수 있게 다양한 색상과 모양의 욕실 스티커로 타일을 꾸며도 좋고, 아이가 물감으로 타일에 그림을 마음껏 그린 뒤, 샤워기 물로 씻어내는 놀이를 해도 좋지요.

29: 머리 감기 싫다고 몸부림칠 때

신경질적으로 소리치면서 씻기는 엄마

이러면 안 돼요_ 머리 감다 샴푸가 눈에 들어가서 따가웠던 일, 재빨리 눈 감고 숨 참는 일이 서툴러서 눈과 코에 물이 들어간 일, 얼굴에 갑자기 물이 뿌려져서 놀란 일 등, 아이들은 아직 숨을 조절하거나 타이밍 맞춰서 눈 감는 데 미숙하기 때문에 머리 감기를 힘들어합니다. 그런데 울거나 저항하는 아이를 무시한 채 머리 감기를 강행하고 심지어 윽박지르기까지 한다면, 아이는 머리 감는 일에 공포심을 느끼고 점점 더 거세게 저항할 수 있습니다.

머리 감을 때의 힘든 점을 인정하고, 불편함을 해결하게 도와준다.

눈에 샴푸 들어가서 아플까 봐 걱정되지? 그래서 수건 준비했어. 이거 눈에 덮으면 비누 안 들어가.
이거 하면 눈 안 아파?
어때? 안 아프지?

어? ○○ 머리에 뿔이 생겼네? 거울 좀 봐봐!
아하하~ 도깨비다!

샴푸 거품으로 재미있는 머리 모양을 만들어주고, 아이에게도 자기 머리 모양을 마음대로 바꿔보게 하자. 머리 감기를 즐거운 일로 느끼게 도와준다.

머리 감을 때 아이들이 가장 힘들어하는 과정이 헹구기다. 이럴 때는 머리 헹구는 방법을 아이가 선택하게 하거나 아이 스스로 자기 머리를 헹구게 하면 좋다.

언제 물을 부을지 알려주어 마음의 준비를 할 수 있게 한다. 물은 갑자기 확 붓지 말고 천천히 조심스럽게 흘려 아이가 놀라지 않게 하자.

이렇게 해보세요

아주 어릴 때는 안아서 머리를 감기다가 4~5살쯤 되면 아이가 무거워져서 계속 안고 감기기 힘들어지죠. 시중에서 파는 '샴푸의자'가 편리하긴 하지만 계속 사용하기엔 한계가 있고요. 부모가 판단하여 적당한 시기에 "○○가 이제 많이 커서 안고 감으면 엄마 팔이 너무 아파. 이젠 유치원 다니는 5살 언니(형)니까 앉아서 감아보자." 하면서 앉아서 머리 감는 연습을 조금씩 시켜보세요.

이때 수건이나 샴푸모자, 수영할 때 쓰는 물안경을 사용하면 좋고, 혹시 가능하다면 미숙하더라도 혼자 감게 해보세요. 엄마가 감길 때보다 아이가 머리 감기를 덜 무서워할 수 있어요. 아이 스스로 숨을 참을 준비가 되었을 때 자기가 직접 머리에 물을 뿌리기 때문에 눈이나 코에 물이 들어갈 염려가 적지요. 그리고 샴푸가 덜 헹궈진 부위는 엄마가 손으로 짚어주면서 더 헹구라고 하면 됩니다.

평소에 찜질방이나 수영장에 데려갔을 때 다른 사람들이 머리 감는 모습을 보여주면 도움이 될 거예요. 눈을 덮는 수건은 아이가 좋아하는 색깔이나 그림이 들어간 것이면 더 좋고요. 아이가 샴푸의 차갑고 싸한 느낌을 싫어한다면, 샴푸 용기를 따뜻한 물에 담가 놓았다가 사용해도 되지요.

아이가 어려서 안고 감길 때는, 누워서 볼 수 있는 위치(타일 벽이나 천장)에 캐릭터 그림이나 스티커를 붙이면 아이의 주의를 그쪽으로 돌릴 수 있어요. 또 샴푸할 때 브러시로 머리를 빗기면, 모근을 자극해 시원한 느낌이 들어 아이도 좋아하고 브러시 청소도 겸할 수 있답니다. 머리 헹굴 때는 샤워기를 약하게 틀고 머리 위로 '비가 주룩주룩 내리네!' 하면서 물 뿌리는 놀이를 해도 되지요. 아이가 인형 머리나 엄마 머리를 감겨 보는 것도 머리 감기에 흥미와 자신감을 키우는 좋은 기회가 될 거예요.

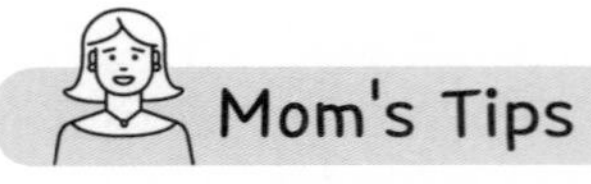

Mom's Tips

▶ **왜 씻어야 하는지 설명하기**

"몸이 더러운데 안 씻으면, 냄새 나고 간지러워. 몸에 세균이 많으면 감기 걸려서 아프기도 해. 아프면 놀지도 못하고 힘들겠지? 그래서 목욕하는 거야."

▶ **언제 목욕할지 선택하게 하기**

"오늘이나 내일 목욕해야 되는데, 언제 할래? 오늘? 아니면 내일?"
"책 보기 전에 목욕할까? 아니면 다 보고 할까? ○○가 정해봐."

▶ **목욕할 때 힘든 점이 무엇인지 물어보고, 해결책 제시하기**

"비누가 많이 따가웠어? 안 아프게 하는 순한 비누 찾아볼게."
"샤워기 물이 세서 눈에 물 들어갔구나? 다음엔 살살 틀게."
"갑자기 물 뿌려서 놀랐지? 미안해. 다음엔 미리 말하고 살살 뿌릴게."

▶ **물 온도가 적당한지 확인하고, 아이에게도 어떤지 물어보기**

"샤워기 물을 엄마가 따뜻하게 맞췄는데, ○○가 손을 대보고 어떤지 말해줘. 더 따뜻하게 할까? 지금이 딱 좋아?"

▶ **머리를 어떻게 감는지 인형을 활용해 설명하기**

"머리를 먼저 물에 적신 다음에, 샴푸를 발라서 거품을 내고, 손가락으로 골고루 문지르는 거야. 그런 다음, 물로 깨끗이 헹구면 머리 감기 끝! 너도 인형으로 한번 해볼래?"

▶ **목욕한 뒤 깨끗해진 모습을 거울에 비춰 보게 하기**

"몸과 얼굴이 깨끗해졌네! 머리에서 좋은 향기도 나고! 우리 ○○ 멋있어졌는걸! 엄마가 꼭 안아줘야겠다!"

추천할 만한 그림책

목욕은 즐거워 (교코 마스오카, 한림출판사): 목욕탕에서 만난 동물들과 즐겁게 목욕하는 아이의 일상을, 일본 작가 하야시 아키코의 따뜻하게 그림으로 담아냈다.
어떤 목욕탕이 좋아? (스즈키 노리타케, 노란우산): 동굴 목욕탕, 미로 탐험탕, 초콜릿탕 등 상상 속의 온갖 목욕탕에서 펼쳐지는 아이의 모험을 유쾌하게 보여준다.
그런데 임금님이 꿈쩍도 안 해요! (오드리 우드, 보림): 갖가지 놀이터로 변신하는 목욕탕에서 꿈쩍도 안 하는 천진난만한 임금님 이야기. 유머러스한 동작과 표정, 화려하고 섬세한 그림이 돋보이는 칼데콧 상 명예상 수상작.

Doctor's Q&A

Q 여러 가지 방법으로 씻겨봐도 물을 너무 무서워해요. 물에 대한 공포가 있는 것 같은데, 어떻게 해야 할까요?

정말 드문 경우입니다. 타고난 감각의 문제가 있을 수도 있고, '특정공포증'이 있을 수도 있으니, 전문가와 상의하는 것이 좋습니다.

Q 병원에서 주사 맞은 엉덩이가 많이 아팠는지 목욕을 계속 거부해요. 억지로라도 씻겨야 할까요?

며칠 목욕을 안 시킨다고 큰일 나는 건 아닙니다. 평소에 목욕 때문에 엄마와 힘겨루기 하는 아이가 아니라면, 하루이틀 정도는 아이의 뜻을 받아주세요.

Q 목욕시키다가 말을 너무 안 들어서 때린 적이 있는데, 그 뒤로는 씻으려 하질 않아요. 어떻게 해야 할까요?

무서웠던 경험이 목욕에 대한 거부감을 일으켰네요. 이런 경우엔 씻길 때 즐거운 경험이 필요합니다. 그런데 아예 안 씻으려 한다면 즐거운 경험을 시켜줄 수 없죠. 그러니 '강제력'을 사용하시고, 대신 씻는 과정에서 즐거운 경험을 하게 도와주세요.

Q 목욕 안 하려는 아이에게 칭찬스티커(목욕할 때마다 주고, 일정 개수 모으면 상 주기)를 계속 사용하는 것이 효과가 있을까요?

목욕은 당연히 해야 하는 일이기 때문에 부모님이 강제력을 동원해서라도 씻겨야 합니다. 목욕해서 칭찬스티커를 받을지, 혹은 목욕 안 하고 칭찬스티커를 안 받을지, 아이에게 목욕을 선택의 문제로 받아들이게 하면 곤란합니다. "지금 목욕하고 칭찬스티커 받자."라고 했을 때, 아이가 "난 스티커 안 받아도 좋아. 목욕 안 할래." 한다고 아이 뜻을 존중해 안 씻길 수는 없죠. 칭찬스티커는 아이의 선택권을 존중하고 아이의 태도를 칭찬하기 위해 사용해야 합니다. 목욕했다고 칭찬스티커를 주는 게 아니라 '짜증 부리지 않고 목욕한 것', ' 목욕하자고 했을 때 금방 욕실에 들어온 것' 등 목욕할 때의 긍정적인 태도에 대해서 칭찬스티커를 주세요. 목욕에 대한 유쾌한 느낌을 강화시킬 수 있어 좋습니다.

양치질 안 해

양치질은 아이가 좋아하든 싫어하든 치아 건강을 위해서 반드시 시켜야 하는 필수적인 습관입니다. 아이가 아무리 병원 가는 걸 무서워하더라도, 아파서 치료가 필요한 상황이라면 어쩔 수 없이 병원에 데려가야 하는 것과 마찬가지죠. 다만 강제로 양치질하는 일이 반복될 경우, '양치질 = 무섭고 싫은 것'이라는 선입견이 점점 강화되어 부모와 아이 모두 힘들어질 수 있습니다. 그러니 양치질을 억지로 시키더라도, 그 과정에서 아이가 조금이라도 기분 좋은 경험을 하게 도와주는 일이 필요합니다. 양치질을 할지 안 할지는 아이에게 선택시킬 수 없지만, '어떤 칫솔로 닦을지, 어떤 치약을 쓸지, 스스로 양치할 건지, 엄마가 시켜주는 게 나은지?' 등에 관해선 최대한 아이에게 선택권을 부여해주세요.

30: 양치질하기 싫다고 고집부릴 때
협박하면서 억지로 이 닦이는 엄마

이러면 안 돼요_ 아이와 실랑이를 벌이다 보면 "이 썩어서 다 빠진다.", "이를 다 뽑아야겠다." 등의 과장된 말을 하거나 칫솔 물고 버티는 아이를 다그치면서 입을 억지로 벌려 닦이는 경우도 생깁니다. 이러한 말과 행동은 아이에게 공포감만 심어줄 뿐 양치질을 잘하게 하는 데 아무런 효과가 없습니다. 또한 구석구석 깨끗이 닦이려고 잇몸이 아플 정도로 거칠게 칫솔질을 하면 아이가 양치질을 점점 더 싫어하여 반항하게 만들 수 있습니다.

: 선택권을 주면서 양치질에 흥미를 느끼게 한다.

그래? 이 닦기 싫은가 보구나. 근데 어쩌지? 오늘은 ○○ 주려고 새 칫솔 2개나 준비했는데…
이 안 닦아~ 싫어~
짜잔! ○○가 좋아하는 칫솔은 어떤 걸까? 하나 골라볼래?
이거. 자동차 칫솔.
자동차 칫솔 골랐으니까 '부릉부릉 양치질' 해볼까? 어떻게 하는지 엄마가 보여줄게! 자, 가자.
'부릉부릉 양치질'이 뭐야?
칫솔이 부릉부릉 터널로 들어간다! 터널 아래로 부릉~ 터널 위로 부릉~
나도 해볼래!

좋아하는 캐릭터가 그려진 칫솔을 아이가 직접 선택하게 하면, 양치질에 대한 흥미와 의욕을 불러일으킬 수 있다.

치약 거품으로 '거품 괴물'이나 '산타 수염' 만들기 등 아이가 좋아할 만한 상황을 연출하면서 올바른 칫솔질을 보여준다. 매일 반복하면서 서서히 익히게 한다.

거울 보세요! 부릉 부릉 달리니까 하얀 연기(치약 거품)가 많이 나오네? 이제 푸~ 하고 뱉어볼까?

아이가 거울을 보면서 양치하게 한다. 자신이 이를 제대로 닦고 있는지 확인하면서 해야 양치질에 능숙해진다.

얼마나 깨끗해졌나 엄마가 '이 검사' 할게. 와! 이를 반짝반짝 잘 닦았네!

'이 검사'를 통해 아이 이를 마저 닦아주고, 깨끗이 양치했다고 칭찬한다.

이렇게 해보세요

아이가 한창 몰두 중인 놀이를 중단시키고 강제로 이를 닦이면, 놀이를 방해받았다고 생각하고 언짢은 기분이 들어 이 닦는 것을 싫어하게 될 수 있어요. 그러니 적당한 타이밍에 양치할 수 있도록 시간을 조절하는 것이 좋아요. 또한 이 닦는 것을 유난히 힘들어하면 한 번에 다 닦으려 하지 말고, 여러 번으로 나눠서 닦아도 되지요.

무릎에 눕히고 재미있는 이야기를 들려주며 천천히 닦이는 것도 좋아요. 입 안을 자세히 들여다보면서 아프지 않게 닦아줄 수 있고, 아이는 엄마 이야기에 주의를 기울이며 칫솔질의 불편함을 어느 정도 잊을 수 있죠. 아직 양치질이 서툰 아이들은 칫솔을 질겅질겅 씹어서 칫솔모가 망가지기 쉬운데, 망가진 칫솔모는 잇몸을 찔러 아이가 양치를 더 싫어할 수 있어요. 칫솔모는 망가지면 바로 교체하세요.

아이가 치약을 싫어한다면 좋아하는 맛의 치약을 찾을 때까지 여러 종류의 치약을 시도해보세요. 입을 여러 번에 걸쳐 깨끗이 헹궈내는 걸 불편해한다면, 물에 금방 잘 헹궈지는 폼이나 젤 형태의 치약을 준비해 주세요. 양치 습관에 관련된 영상물과 그림책, 전동칫솔, 모래시계가 달린 칫솔꽂이 등 흥미를 주는 매개물을 적극 활용하는 것도 좋습니다.

Mom's Tips

▶ **이 닦일 때 아픈지 물어보고 강도 조절하기**

"많이 아파? 살살 닦아줄까? 이제 어때? 이 정도면 괜찮니?"

▶ **어느 쪽 이부터 닦는 게 좋은지 물어보고 닦이기**

☞ 아주 사소한 부분이라도 물어보고 선택하게 하면, 양치를 거부하는 아이에게 효과적이다. 배려받는다는 느낌이 들면 좀 더 협조적으로 응하게 된다.

"윗니부터 닦을까? 아랫니부터 닦을까? 아랫니 먼저? 그래, 알았어."

▶ **그림책의 캐릭터 활용하기**

"저기 어금니에 ○○(충치 세균)가 보인다! 치카치카 얍! 잡았다. 이제 물로 헹구기만 하면 멀리 떠내려갈 거야. ○○(충치 세균)아, 어서 가라!"

▶ **엄마나 아빠 이를 아이가 닦게 하여 양치질 연습시키기**

☞ 호기심을 가지고 다른 사람 입 속을 들여다보며 양치질에 흥미를 느낄 수 있으며, 부모의 치료받은 이를 보면서 '충치'를 실감할 기회도 된다.

"아빠 이 닦아줄래? 그렇지, 칫솔에 치약 묻히고 골고루 닦아주세요."

"엄마 어금니가 금으로 씌워져 있지? 충치가 생겨서 치료받은 거야."

▶ **평소 아이가 좋아하는 노래를 이용해 양치질 노래 불러주기**

"쓱쓱 싹싹 이를 닦아요~ 위에서 아래로~ 깨끗이 닦아요~ 쓱싹 쓱싹!"

▶ **치과놀이 하면서 충치의 원인, 양치질의 필요성 강조하기**

"의사 선생님, 이가 너무 아파요. 이가 썩었나 봐요."

"어디 봅시다! 단것 많이 먹고 양치질을 안 해서 충치가 생겼군요. 충치 세균은 단것을 좋아해서 깨끗이 안 닦으면 이를 썩게 해요. 우선 치료부터 합시다. 자, 치료 끝났어요. 앞으로는 이를 깨끗이 닦도록 해요. 자, 새끼손가락 걸고 약속!"

추천할 만한 그림책

난 칫솔이 싫어 (제라 힉스, 효리원): 이 닦기 싫어하던 아이가 이 닦기를 재미있는 놀이처럼 즐기는 과정을, 간결하면서도 익살스럽게 풀어냈다.

칫솔맨, 도와줘요! (정희재, 책읽는곰): 양치하지 않으면 입 속에서 어떤 일이 벌어지는지 '미니어처 일러스트레이션'으로 생생하게 표현했다. 양치의 중요성을 일깨우고, 경각심을 불러일으키기에 효과적이다. 이 닦는 방법을 알려주는 정보 페이지도 실려있다.

Doctor's Q&A

Q 양치하면서 치약을 자꾸 먹는데, 야단쳐도 소용없어요. 어떻게 해야 할까요?

어린이용 과일맛 치약을 사용하는 경우에는 달콤하고 향긋한 냄새 때문에 먹고 싶을 수도 있는데요. 이런 경우라면 어른 치약을 소량으로 사용하게 하세요.

Q 그동안 사용해보지 않은 치약이 없을 정도로 이것저것 다 써봤지만 아이가 치약을 계속 거부해요. 치약 없이 칫솔로만 닦아도 될까요?

치약 자체보다는 치약을 사용해서 칫솔질할 때의 분위기 등에 거부감이 커서 치약을 싫어할 가능성이 높습니다. 칫솔만으로 이 닦는 것에 거부감이 없다면 일단 칫솔로만 양치하면서, 양치질 자체에 대한 거부감을 줄인 다음에 치약을 사용해보세요.

Q 양치를 너무 싫어해서 전동칫솔을 사려고 하는데, 아직 칫솔질을 잘 못하는 아이에게 전동칫솔을 줘도 되는지 고민되네요. 일반 칫솔로 양치하는 습관을 먼저 기른 다음에 사용해야 될까요?

소아치과 의사들은 취학 전 아이들의 경우에, 적어도 하루에 한 번(특히 자기 전)은 부모가 직접 이를 닦이라고 합니다. 스스로 이 닦는 습관을 들이는 게 좋지만, 아직은 혼자서 꼼꼼히 양치하지 못하니까요. 아이들이 스스로 하는 양치질은, 일반 칫솔이건 전동칫솔이건 미흡하긴 마찬가지입니다. 양치에 대한 거부감을 없앨 수 있다면 전동칫솔을 사용해도 상관없지만, 하루 한 번 저녁 양치질은 반드시 부모님이 시켜주세요.

이거 입을 거야

아이들은 자신의 건강을 지키는 일에 대해서나 자신의 행동이 가져올 결과에 대해서 예측하지 못하는 경우가 많습니다. 그래서 반드시 부모의 지도가 필요하고, 부모는 아이의 뜻을 무한정 들어줄 순 없지만 어느 정도 범위 내에서 아이 스스로 선택하게 해야 합니다. 부모가 허용할 수 있는 범위에서 나이에 적합한 정도의 선택권을 주면, 아이들은 스스로 권한을 가졌다고 생각합니다. 이렇게 스스로에게 통제권이 있다고 느끼는 아이들이 자기 행동을 더 잘 조절할 수 있습니다.

31 : 계절에 맞지 않는 옷을 입겠다고 떼쓸 때

아이 의견만 묻고 자기 뜻대로 강행하는 엄마

이러면 안 돼요_ 옷 입는 문제로 평소에 엄마와 실랑이하는 아이라면, 바쁜 아침 시간에 아이의 감정과 욕구를 헤아리면서 타협하기 어렵죠. 이런 경우엔 아침이 아니라 전날 저녁에 옷을 골라놓아야 합니다. 또한 아이에게 선택권을 줄 때는 엄마가 받아들일 수 있는 범위 내에서 선택시켜야 합니다. 아이가 좋아할 만한 옷 2~3가지 중에서 고르게 하는 것이죠. 아이에게 의견만 물을 뿐 결과적으로 엄마의 결정대로 이끌어가는 상황에서는, 엄마가 아무리 논리적으로 설득해도 아이는 자기 의견이 거부당하는 느낌만 받습니다. 옷을 선택하는 문제가 엄마에겐 사소해 보이지만 아이에겐 스스로 결정하는 즐거움을 경험할 좋은 기회입니다. 그 기회를 별것 아니라고 자꾸 박탈하면, 아이는 점점 자신의 일에 의욕을 잃고 부모에게 의존하거나 반대로 점점 더 강하게 반항할지도 모릅니다.

선택권의 적정 범위를 정해주세요

선택권의 범위는, 아이와 부모 모두에게 받아들여질 수 있을 만한 것이어야 합니다. 한겨울에 반팔 옷을 고르는 등 부모가 받아들일 수 없는 범위까지 선택권을 넓혀서는 곤란하죠. 또한 반팔과 긴팔이 섞여 있는 옷장에서 긴팔 옷만 선택하라고 하면 아이와 갈등이 생길 수밖에 없습니다. 그러므로 사전에 적절한 준비가 필요합니다. 계절에 맞지 않는 옷은 정리해서 보관함에 넣어두고, 계절에 맞으면서도 아이가 좋아할 만한 옷들 중에서 선택하게 하세요. 그리고 어린아이에게는 선택권을 조금만 주고, 큰 아이에게는 선택권을 많이 주어야 합니다. 3~4살 아이라면 2가지, 5~6살 아이라면 약 3가지 중에서 선택하게 하면 좋지요. 실랑이를 많이 하는 아이라면, 다음 날 입을 옷을 전날 저녁에 선택해서 미리 꺼내놓게 합니다.

계절에도 맞고 아이의 기호도 충족시킬 수 있는 옷으로 타협점을 찾는다.

내일 유치원 갈 때 어떤 옷 입을래? 이거랑 이거 중에서 골라봐.
이거 입을래.

공주 원피스를 입고 싶구나? 근데 이건 집에서 편하게 입는 옷이고, 이젠 반팔 원피스 입고 나가면 추워서 감기 걸려.

그래도 이거 입고 갈래.

그럼, 이거 위에 카디건을 같이 입어야 돼, 추우니까. 카디건 싫으면 공주 그림 없는 긴팔 원피스 입어야 하고. 어떤 거 입을래?

이것만 입을 거야. 카디건 싫어.

아이의 요구를 수용하면서도 날씨에 적합한 옷차림이 될 수 있도록 조건을 달아, 2~3가지의 제한된 선택권을 준다.

아이의 욕구를 어느 정도 충족시킬 수 있는 타협점을 찾는다.

아이의 기호를 파악하고 인정해주세요

아이가 무턱대고 떼쓰는 것처럼 보여도, 특정 옷을 좋아하거나 싫어하는 나름의 이유가 있습니다. 이유를 파악하고 아이의 기호를 인정해주세요. 어떤 아이들은 청바지의 뻣뻣한 느낌이 싫어서 헐렁한 운동복 바지만 좋아하기도 하고, 공을 차거나 달릴 때 불편하다며 치마를 싫어하기도 합니다. 단추를 채우지 않아 혼난 적이 있는 아이들은 단추 달린 셔츠를 싫어하기도 하죠. 부모 입장에서는 '이게 얼마나 비싼 옷인데.', '정말 예쁜데 왜 안 입지?' 하는 생각이 들겠지만, 이러한 생각으로 아이의 독립성과 자율성 발달을 가로막아서는 안 됩니다.

이렇게 해보세요

촉감에 민감한 아이들이 엄마가 골라준 옷을 거부할 때는 그 이유를 구체적으로 물어보세요. "여기가 네 목에 닿는 게 싫었어? 그럼, 다른 옷을 고르자." 등의 말로 마음을 읽어주고 대안을 찾는 것이 좋아요. 특히 어른스러운 디자인의 옷은 활동이 불편한 경우가 많으니, 아이 옷을 살 때는 편안함을 우선적으로 고려하거나 아이와 함께 옷을 고르면 거부감이 훨씬 덜할 거예요.

새 옷을 입지 않으려 할 때는, 아이가 자주 볼 수 있는 곳에 옷을 걸어두면 관심을 유도하거나 익숙해지게 하는 효과가 있어요. 또한 아이가 애착을 느끼는 옷들이 작아지거나 낡으면 한꺼번에 없애지 말고, 시간을 두고 하나씩 정리하고, 새로 입을 옷을 아이가 선택하게 하면 좋아요. 좋아하는 옷을 없애서 아이가 많이 힘들어할 것 같으면, 추억의 상자를 함께 만들어 작아진 옷을 보관하는 것도 거부감을 줄일 수 있는 방법입니다.

아이가 자기 몸에 더 이상 맞지 않는 옷이나 신발을 계속 입거나 신겠다고 고집부리는 경우가 있죠. 그럴 땐 키재기 스티커나 줄자를 활용해 자신이 성장한 모습을 스스로 확인하게 도와주세요. 작아진 옷이나 신발은 더 이상 입거나 신지 못한다는 것을 자연스럽게 알게 해주세요. 성장에 관련된 동화책 읽기나 인형놀이를 반복해서 시도하고, 작아진 옷이나 신발을 직접 입거나 신으라고 해서, 스스로 깨달을 기회를 마련해주세요.

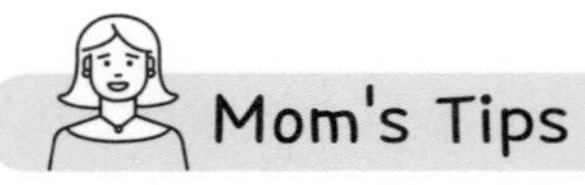

▶ **어떻게 매치하든 서로 배색이 잘 되는 옷 2~3벌 중에서 고르게 하기**

☞ 아이는 자유로이 골라서 입을 수 있고, 엄마에겐 만족스러운 옷차림이 된다.
"여기 있는 옷들 중에서 윗도리 하나, 바지 하나 골라서 입으렴."

▶ **아이가 옷을 골랐을 때 아낌없이 칭찬하기**

"노란 티랑 체크무늬 바지가 진짜 잘 어울린다. 우리 아들 정말 멋쟁인데?"

▶ **옷을 잘못 골랐을 때는 다른 옷 속에 입히거나 들고 가도록 타협점 찾기**

"오늘 체육복 입는 날인데 원피스 입고 싶어? 그럼 원피스 입고 유치원에 가고, 도착하면 체육복으로 갈아입는 거야. 알았지? 가방에 체육복 넣어줄게."

▶ **때와 장소에 맞게 입어야 한다는 사실 가르치기**

"결혼식이나 돌잔치처럼 사람들이 모이는 곳에 갈 땐 특별한 옷을 입는 거야. 유치원이나 집에서 입는 옷이랑 달라. 더 멋있게, 더 예쁘게 입어."

▶ **새로운 옷이나 신발을 살 때 아이와 함께 구입하기**

☞ 기껏 새 옷을 장만해도 아이가 입지 않아 옷장에서 썩히는 경우가 있다. 안 입다 철 지난 옷은 금방 작아져 두 번 다시 입힐 수 없으니, 기왕이면 아이 마음에 드는 옷을 사서 입힌다.
"이 바지 어때? 어린이집 갈 때 입을 바지와 치마도 사야지! 색깔은 ○○가 좋아하는 걸로 골라."

추천할 만한 그림책

오늘은 무슨 옷을 입을까? (마거릿 초도스-어빈, 베틀북): 엄마와 옷 입기 실랑이를 벌이는 아이의 마음을 독특한 그림으로 표현한 칼데콧 아너상 수상작.
난 드레스 입을 거야 (크리스틴 나우만 빌맹, 비룡소): 한껏 멋 내려고 예쁜 옷을 꺼내 입으며 마음이 들떴다가, 엄마 때문에 마음에 들지 않는 겨울옷을 잔뜩 껴입게 된 여자아이의 속마음을 재미있게 그려낸 책.

Doctor's Q&A

Q 옷 입히는 게 까다로운 아이라서, 항상 아이에게 물어보고 옷을 사요. 그런데 자기가 좋다고 해서 산 옷을 막상 입으라고 하면 거부하네요. 왜 그럴까요?

어른들도 쇼핑할 때는 마음에 들었는데, 막상 사고 나서는 여러 이유로 입지 않고 옷장에 묵히는 경우가 있습니다. 그러므로 아이에게 옷을 고르라고 할 때는 '우리 아이가 잘 입겠구나.'라고 생각되는 옷 중에서 선택하게 해야 합니다. 또 설사 자기가 좋아서 샀던 옷을 안 입겠다고 해도 "네가 골라놓고 이제 와서 그러면 어떡해."라며 혼내진 말아야 합니다. 눈으로 볼 때는 마음에 들었는데 막상 입으니까 촉감이 싫어질 수도 있으니까요. 겉으로 보이는 옷의 색깔이나 모양은 아이가 선택하게 하더라도, 그 외의 측면들 옷의 촉감, 허리 사이즈, 옷감의 종류 등은 부모님이 판단하셔야 합니다.

안 입어

옷 입을 때마다 애먹이던 아이들조차, 자기가 놀러 나가고 싶을 때 “옷 입자.” 하면 번개 같은 속도로 입지요. 아이들이 외출 전에 옷 입는 문제로 애먹이는 것은 ‘옷 입기’ 자체가 싫어서인 경우는 드뭅니다. 그것보다는 지금 당장 하고 싶은 다른 일이 있는데 옷을 입으라고 하니, 실랑이를 벌이는 겁니다. 그러므로 부모들은 아이가 나가기 싫은 것인지(유치원 가는 게 싫으면 아침에 외출복으로 갈아입기도 싫겠죠.) 아니면 지금 하고 있는 일을 그만두기 싫은 것인지(한참 만화영화 보고 있는데 외출하기는 싫을 겁니다.) 생각해야 합니다. 순순히 외출 준비를 하려면, 외출하기 20~30분 전부터 아이가 하던 활동을 마무리지어 놓아야 실랑이가 예방됩니다.

32: 옷 안 입겠다고 떼쓸 때

재촉하고 때리면서 강제로 입히는 엄마

이러면 안 돼요_ 외출할 때 옷을 안 입으려는 아이를 보면 부모는 급한 마음에 다그치거나, 아이와 실랑이를 하다가 울리기 십상입니다. 이런 상황이 벌어질 때마다 힘으로 제압하면, 아이가 당장은 겁에 질려 옷을 입겠지만, 부모에 대한 부정적인 감정은 계속 남지요. 결과적으로는 아이가 옷 입기를 점점 더 거부하게 될 뿐 아니라 다른 상황에서도 부모를 감정적인 힘겨루기에 끌어들일 가능성이 있으니 주의해야 합니다.

충분한 시간이 필요해요

시간에 쫓기면 엄마가 아이와 전투를 치르게 되고, 그러다 보면 엄마나 아이나 '외출 전의 옷 입기'가 점점 더 짜증스러운 일이 됩니다. 외출 전에 옷 입을 때마다 엄마와 실랑이를 벌이는 아이에게 좋은 습관을 들여주기 위해서는 충분한 시간적 여유가 필요합니다. 출근 준비하기에도 바쁜 부모가, 아이의 투정을 일일이 받아주고 달랠 수는 없으니까요.

유치원 나이의 아이들은 스스로 옷 입는 것이 익숙하지 않아서, 급하게 외출 준비를 할 때에는 엄마가 빨리빨리 입히게 되는 경우가 있는데요. 이때 '느리더라도 혼자 입고 싶은 아이'와 '시간이 없으니 빨리 입히고 싶은 엄마'가 옥신각신하게 됩니다. 혼자 입고 싶어 하는 아이의 뜻을 존중하기 위해서라도 충분한 시간을 확보해주세요.

옷 입을 시간을 미리 알리고, 옷 입는 과정에 참여하도록 이끈다.

시계 긴바늘이
6에 가면 옷 입을 시간이야.
어제 ○○가 고른 옷
여기 걸어뒀지?
옷 입기 싫어!

엄마가 시켜서 억지로 입는 게 아니라, 계획에 따라 옷 입을 시간이 정해졌고, 그 시간에 맞춰 입어야 한다는 것을 거듭 상기시킨다. 옷은 전날 함께 골라서 잘 보이는 곳에 걸어두는 것이 좋다.

싫어도 입어야 돼. 엄마가
입혀줄까? 너 혼자 입어
볼래? 네가 결정해.
엄마가 입혀줘~

입는 걸 누가 도와줄지, 무얼 먼저 입을지 아이에게 선택권을 준다. 예를 들어 "엄마랑 아빠 중 누가 입혀줄까?", "바지 먼저 입을래? 셔츠 먼저 입을래?" 등.

엄마가 짠~ 하면

머리가 어디 있지? 짠~
여기 있네! 근데 팔은 아직

옷 입는 과정을 재미있는 놀이처럼 접근하면, 아이가 즐겁게 옷을 입을 수 있다.

바지가 불편하니?
그럼, 치마 입을까?
그게 편하겠니?
바지는 싫어.
안 입을래.

아이가 특정 옷을 불편해하면 그 이유를 물어보고 다른 대안을 제시한다.

와! 혼자서 양말
신는 거야? 우리 딸
정말 기특한데!
양말은 내가
신을래.

아이가 스스로 옷 입기를 시도하면 적극 격려한다. 혼자 입다가 힘들 때는 엄마한테 부탁하면 도와줄 수 있다고 미리 말해두는 것도 괜찮다.

이렇게 해보세요

속옷이 불편하다며 안 입겠다고 떼쓰는 아이들이 있지요. 그럴 때는 천이 부드럽고 고무줄 조임이 약한, 편하고 넉넉한 사이즈의 속옷을 입히세요. 팬티 입는 걸 싫어한다면 사각팬티나 7부 속옷을 입혀보시고요. 만약 계속해서 속옷을 거부한다면, 당분간은 외출할 때만 입고 집에선 벗어도 된다고 허용하면서 서서히 속옷에 익숙해지도록 도와주시면 됩니다.

겨울에 여러 겹 껴입는 걸 유난히 답답해하여 아예 옷을 안 입겠다고 고집부리는 아이도 있는데, 그럴 때는 보온성이 좋은 옷을 내복 없이 입히는 것도 방법입니다. 또 겨울에는 옷이 차가워서 싫어할 수 있으므로, 따뜻한 바닥에 옷을 데워 입히면 좋아요. 4살쯤 되면 스스로 옷을 입도록 기회를 주는 게 좋으며, 처음에는 복잡하지 않은 옷으로 아이가 충분히 연습하게 하고, 조금이라도 잘 입으면 크게 칭찬해주세요.

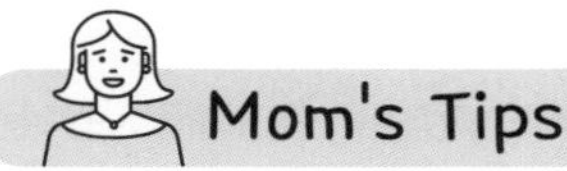

▶ **인형 옷 입히기 놀이를 하면서 옷을 입어야 하는 이유 설명하기**

"속옷은 나쁜 세균이 몸에 들어가지 않게 보호해줘. 자, 속옷을 먼저 입히자."

"추우니까 블라우스 위에 카디건도 입힐까? 몸이 훨씬 따뜻해질 거야."

▶ **옷 입는 순서를 설명하면서 입히고, 아이도 참여하게 하기**

"먼저 티를 입고 바지 입을 거야. 자, 티를 머리에 씌워줄게. 그런 다음에 ○○가 여기 소매 구멍에다 팔을 넣어볼래? 옳지, 잘했어!"

"처음에 지퍼 끼우는 것만 엄마가 하고, 지퍼 쭉 올리는 건 ○○가 하자."

▶ **좋아하는 노래에 가사를 붙여 부르면서 옷 입히기**

"제~일 먼저 노란 셔츠, 팔 구멍 어디 있나요? 오른쪽~ 왼쪽 구멍에서 팔이~ 쑥쑥 나와요~ 다음에는 파란 바지, 다리 구멍 어디 있나요? 오른쪽~ 왼쪽 구멍에서 다리가~ 쑥쑥 나와요."

▶ **옷 입기를 게임 형식으로 진행하기**

"누가 반바지 더 빨리 입나 게임할까? 저 의자엔 아빠 바지, 그 옆 의자엔 ○○ 바지가 있어. 엄마가 '시~작!' 하면 뛰어가서 자기 반바지 입는 거야."

"가위바위보 해서 이길 때마다 자기 옷을 하나씩 입는 거야. 옷을 먼저 다 입은 사람이 이기는 거다. 자, 시작할까? 가위바위보!"

▶ **아이가 옷을 다 입으면, 옷차림에 대해 칭찬하기**

"꽃무늬 원피스 입으니까 ○○ 얼굴이 꽃처럼 환해 보이고, 정말 예뻐!"

"빨간색 티셔츠 입으니까 멋있다! ○○가 좋아하는 만화 주인공 같아!"

Doctor's Q&A

Q 밤에 잘 때마다 옷을 벗는 게 습관이 된 것 같아요. 옷 벗는 버릇을 어떻게 고칠 수 있을까요?

아이의 습관을 들이기 위해서라면 어느 정도 강제력이나 물리력을 사용할 수도 있습니다. 아이가 옷을 벗지 못하도록, 움직이지 못하게 잡고 있어도 됩니다. 옷을 벗지 말라고 소리 지르고 때리는 것보다는 '무섭게 혼내지는 않더라도(강제력, 물리력을 사용해서라도) 옷을 벗지 못하게 하는 것'이 더 좋은 방법입니다. 가능하면 그 과정이 부드럽게 진행되는 게 좋아요. 옷 입은 느낌 자체를 답답해하는 아이라면 헐렁한 옷을 입히거나 잠든 뒤에라도 옷을 입혀서, 잠자는 동안 '옷 입고 자는 느낌'에 익숙해지도록 도와주세요. 이러한 과도기를 거치는 것이 좋습니다.

Q 집에 있으면 옷이 갑갑한지 다 벗고 돌아다녀요. 입히려고 하면 자꾸 도망가네요. 억지로라도 입혀야 할지, 그냥 편하게 내버려둬야 할지 고민입니다.

아이가 옷 입기 문제로 엄마와 실랑이하는 상황을 놀이라고 생각할 수도 있고, 부모와 힘겨루기하는 것일 수도 있습니다. 어떤 이유건 간에, 옷은 억지로라도 입히세요. 세 돌 이후의 아이라면, 아무리 집에서라 해도 옷을 입고 있어야 합니다. 옷을 입고 생활해야 한다는 원칙을 지킬 수 있게 해주세요. 단, 아이가 쉽게 받아들일 수 있는 방법을 사용해야겠지요. 아이가 특별히 싫어하는 느낌, 옷이 조이는 느낌, 거친 느낌 등이 있다면 그 기호를 존중해야 합니다.

Part 04

잠자기·대소변 가리기 어려운 아이

아이의 마음을 위로할 때는 부모나 다른 사람의 입장을 내세워 이해시키는 것이 아니라, 아이의 속상하고 서운했던 감정에만 초점을 두고 대화를 나누세요.

★

잠과 배변은 자연스럽게 이루어져야 해요

잠자고 배변하는 행동 자체는 훈련을 통해 습득되는 것이 아닙니다. 피곤하면 자고, 충분히 자면 깨고, 장과 방광에 변이 차서 배출하는 일은 모든 동물들이 본능적으로 하는 행동이므로, 어느 정도는 자연의 순리대로 이루어지게 해도 큰 문제없이 진행됩니다. 하지만 수면 문제에서는 현대의 생활 패턴 때문에 방해받는 측면이 많습니다. 전등이 없던 시절에는 해가 지면 할 수 있는 일이 없으니 잠을 방해하는 요소가 없었지만, 이제는 늦은 밤에도 집이 온통 환하니 아이들 입장에선 잘 때인지 놀 때인지 구분하기 어렵죠. 특히 부모가 늦게 퇴근하면 아이는 엄마 아빠와의 놀이 시간을 기다리느라, 흥분과 기대감에 잠이 오지 않을 수도 있습니다. 그러니 수면을 방해하는 요인들을 잘 파악하고 제거해서, 아이가 자신의 수면 욕구를 자연스럽게 느끼도록 도와야 합니다.

배변 문제에서는 '신경 발달'과 '훈련' 두 가지를 균형 있게 고려해야 합니다. 갓난아이는 변이 마려운 느낌은 물론, 변이 나오는 느낌마저도 알아차리지 못합니다. 변을 보고 난 다음에야 축축하고 찝찝한 느낌이 들죠. 신경계가 성숙해져야 방광이나 직장에 변이 찬 것을 느끼고, 괄약근의 조절이 자유로워지며, 대소변을 배설하는 느낌을 알게 됩니다. 이러한 감각 기능이 발달하기 전에는 아무리 배변 훈련을 시키려 해도 실패할 수밖에 없습니다. 신경계 발달은 훈련으로 되는 게 아니니까요. 훈련시킬 수 있는 것은 대소변을 보고 싶다고 부모에게 표현하는 방법과 뒤처리하는 방법입니다. 아이의 성숙 정도를 감안하지 않고 선불리 조기에 훈련시키다가 감정적인 실랑이가 생기면, 오히려 잃는 것이 더 많습니다. 배변 훈련은 빠른 것보다 차라리 좀 늦더라도 아이가 충분히 준비되었을 때 시키는 것이 좋습니다. 절대 서두르지 마세요.

안 잘 거야

부모가 보기에는 분명 졸린 것 같은데 안 졸리다고 고집부리거나 밤 늦은 시간에 놀이터에 나가겠다고 떼쓰는 아이들이 있습니다. 성장을 위해 규칙적으로 잠자리에 들어야 하고, 잠을 자야 몸과 마음이 편해진다는 사실을 아이들은 잘 모르지요. 오로지 놀고 싶은 마음에 부모가 아무리 설명하고 설득해도 막무가내입니다. 이럴 때 부모들은 아이가 스트레스 받고 더 흥분할까 봐 혼내는 것을 꺼리고, 웬만하면 참고 다 수용해주는 경우가 많습니다. 그러나 아이가 피곤해서 자야 할 시간에는 강제력이나 물리력을 동원해서라도 자게 해야 합니다. '지금 하고 싶은 것이 무엇인지' 아이의 의견을 존중해야 할 때도 있지만, 부모의 권위와 통제가 필요할 때도 있죠.

아이가 졸린 눈으로 더 놀겠다고 떼쓸 때는 단호하게 못 놀게 하고 상황을 재미없게 만들어 잠자리에 들게 하세요. 그러면 짜증 내고 보채다가도 스르르 잠듭니다. 어떤 분들은 아이의 속상한 마음을 받아줘야 하는 것 아닌가 걱정하시기도 하는데요. 그 마음을 헤아려서 더 놀게 허락해야 하는 건 아닙니다. 그보다는 아이를 더 놀지 못하게 한 다음, "더 놀고 싶은데 못 하게 해서 엄마가 밉구나." 하면서 아이의 속상한 마음을 위로해주는 편이 더 좋습니다.

33 : 안 자려고 울며 떼쓰는 3~4살
자라고 소리 지르며 화내는 엄마

이러면 안 돼요_ 잠들기 위해서는 몸과 마음이 평온해져야 합니다. 퇴근 후에 아이와 즐거운 시간을 보내더라도, 아이를 흥분시키는 놀이를 해서는 안 되지요. 신나는 신체놀이를 하다가 갑자기 자야 한다고 하면 아이가 받아들이기 어렵습니다. 막무가내 3~4살 아이들에게는 적당히 단호하면서도 부드러운 태도로 잠자는 분위기를 만들어줘야 합니다.

흥분시키는 활동은 안 됩니다

우울이나 불안증도 없는 성인이 불면증이 있다고 하면, '혹시 저녁 늦게 격렬한 운동을 하는 것은 아닌지?' 진료할 때 꼭 확인하게 됩니다. 밤늦게까지 운동을 하면, 몸은 지쳐서 쓰러질 지경인데 온몸의 신경계는 흥분 상태가 되죠. 그래서 피곤한데도 새벽까지 잠이 안 오는 것입니다. 불면증이 있는 분들이 이런 사실을 모르고, '몸을 피곤하게 만들면 잠이 잘 오지 않을까.'란 생각으로 밤에 운동하다가 불면증이 더 악화되기도 합니다.

잠이 쉽게 들려면 신체적으로나 정신적으로 이완된 상태여야 합니다. 수면 문제가 있는 아이라면, 잠자기 1~2시간 전부터는 신체적, 정서적으로 흥분시킬 수 있는 활동을 삼가야 하지요. 책을 읽어주거나 이야기를 들려줄 때도, 긴박감 넘치거나 깔깔거리며 웃게 만드는 이야기는 피하는 게 좋습니다. 낮에 속상했던 일을 이야기하고 엄마에게 공감과 위로를 받으며 하루를 정리하는 시간을 갖는 것이 더 좋습니다.

규칙적인 잠자기 의식이 마음을 평온하게 합니다

대부분의 아이들이 잠들 때 불안해하곤 합니다. 어둠 자체가 무섭기도 하지만, 잠자는 동안 '엄마와 이별'하기 때문에, 분리불안이 남아 있는 아이일수록 더 불안해하지요. 쉽게 잠들려면, 불안과 긴장감을 줄여야 하는데, 이를 위해서는 매일 규칙적으로 행하는 '잠자기 의식'이 도움이 됩니다. 사람들은 예측 가능하고 익숙한 일에는 편안해하지만, 예측 불가능한 낯선 일에는 불안을 느끼죠. 잠자기 전의 상황도 마찬가지입니다. 잠자기 전의 일과를 항상 예측할 수 있게 계획해두면, 아이가 편안한 밤을 맞이하게 됩니다.

특히 분리불안이 생겨나는 돌 전부터, '씻기기 - 로션 바르기 - 음악 틀고 조명 어둡게 하기 - 마사지하고 토닥이기' 등의 일정한 순서로 잠자기 의식을 시작하는 게 좋습니다. 3살 이후의 아이라면, '양치하고 씻기 - 가족들과의 굿나잇 키스 - 책 읽어주기 - 침대에서 대화하며 마사지하기' 정도가 적당합니다.

‘잠자기 의식’을 매일 규칙적으로 꾸준히 반복한다.

저녁 8시

어? ‘꿈나라 음악’이 나오네. 이제 그림책 보는 시간! 자, 가서 책 3권 골라서 가져와. 읽어줄게.
응. 아빠, 기다려. 가져올게.

잠자기 위한 신체 리듬으로 전환시킬 때는 따뜻하고 부드러운 느낌의 조명이 좋다.‘잠자기 의식’으로 몇 가지 활동을 아이와 함께 미리 정해두고서, 일정한 음악이나 알람 소리를 시작으로 매일 같은 시간, 같은 순서로 진행한다.

8시 반

책 다 본 다음에는 마사지 시간! 엄마한테 마사지 받고 잘래? 아니면 그냥 잘래?
시계 짧은바늘이 8을 지나면 비행기 태우는 건 안 돼.
네 마음은 알겠지만, 이제 코~ 잘 시간이야.
싫어~ 안 자~ 비행기 태워줘~

마사지, 뽀뽀하기, 안아주기, 사랑의 메시지 주고받기 등 아이가 좋아할 만한 스킨십이나 메시지 등을 몇 가지 정해서 매일 일정한 순서로 진행한다.

이렇게 해보세요

아이가 세 살 정도 되면 어른보다 일찍 자는 것을 싫어하곤 하지요. 그러니 잠자는 습관을 들일 때는 아빠도 협조해서 가족이 모두 잠자리에 드는 분위기를 만드는 게 좋습니다. 그리고 3~4세 이후에는 낮잠을 너무 많이 자면 밤에 잠들기가 어려우니 2시간 이상 자지 않게 하고, 오후 4시 이후에는 낮잠을 재우지 마세요. 기질적으로 활동적인 아이들은 낮에 에너지를 충분히 발산시켜 주지 않으면 밤에 자지 않으려고 하므로, 바깥 활동, 신체놀이를 많이 시켜주시고요.

저녁 시간 이후에는 몸을 많이 움직이는 활동을 피하고, 그림 그리기나 퍼즐 맞추기, 그림책 읽기 등 조용한 놀이를 하게 도와주세요. 아이가 잠드는 것을 많이 힘들어하면, 숙면에 도움을 주는 라벤더 오일을 베개나 목욕물에 떨어뜨려 몸을 이완시키면 좋아요. 목욕을 안 하는 날에는, 수건을 물에 적셔 전자레인지에 살짝 돌린 다음, 손이나 발을 따뜻하게 감싸고 로션으로 마사지해도 됩니다. 아이가 로션을 싫어하면, 허브 오일 떨어뜨린 물에 수건을 적셔 사용해도 좋고요. 이때 부드러운 조명 속에서 아이가 엄마와의 스킨십으로 정서적인 안정감을 느낄 수 있게 해주세요.

모니터나 핸드폰 화면, 형광등에서 나오는 흰색, 푸른색 계열의 조명은 잠드는 데 방해가 되니, 밤에는 은은하고 따뜻한 색감의 조명을 켜는 것이 좋습니다. 빛의 밝기를 조절할 수 있는 취침용 조명을 이용해 보는 것도 괜찮고요. 처음에는 불을 밝게 했다가, 자기 전까지 아이가 느끼지 못할 정도로 조금씩 어둡게 해주세요.

34: 안 자려고 이것저것 핑계 대는 5~6살

요구를 일일이 들어주다 지쳐버린 엄마

밤 9시 반
엄마, 나 목말라. 물 마실래.
아까 마셨는데 또? 기다려. 갖다줄게.

밤 10시 반
엄마, 나 미미 인형 갖고 올래.
뭐? 그러게 아까 가져오지 그랬어. 에그... 불 켜줄 테니까 얼른 갔다 와.
엄마, 미미가 춥대. 미미 감기 걸리면 안 되니까 바지 입어야지~ 조잘조잘~
장난감 왜 이렇게 많이 가져왔어? 아, 몰라. 엄만 피곤해. 이제 네가 알아서 자.

이러면 안 돼요_ 잠자리에 든 상태에서 아이가 요구하는 것들을 부모가 일일이 다 받아줘선 안 됩니다. 특히 5~6세 아이들은 나름 합당하고 논리적인 이유를 내세워 자지 않으려고 하는데, 부모가 자꾸 말 상대를 해주고 요구를 들어주면 자는 시간이 점점 늦어지죠. 그렇게 되면 한창 성장 호르몬이 나오는 시간대(밤 10시~새벽 2시)에 아이가 제대로 자지 못하고, 엄마도 지치는 생활이 지속될 수 있습니다. 그리고 아이가 안고 잘 인형 한두 개를 제외하고는 장난감을 가져와 놀게 해서는 안 됩니다. 잠자는 곳과 노는 곳을 분명히 구분해 주지 않으면, 잠자는 습관을 바로잡기가 점점 더 힘들어집니다.

아이가 요구할 만한 사항들을 잠자리 들기 전에 미리 해결한다.

지금부턴 물 마시면 밤에 오줌 쌀 수 있어. 물은 이게 끝이야. 알았지?

자리에 누운 뒤 화장실 가는 일이 없게끔, 물 마시는 양이나 시간을 조절해준다.

잠잘 때는 인형만 데려가는 거야. 다른 장난감은 안 돼. 잠자는 데니까.

자기 전에 마지막으로 화장실 가자. 별로 안 마려워도 변기에 앉으면 조금 나올 거야.

화장실 핑계를 자주 대는 경우에는 '이번이 마지막'임을 강조하여 자기 전에 데려가고, 화장실 못 가게 해서 오줌 싸는 걸 아이가 걱정하면, 방수요를 깔아 안심시킨다.

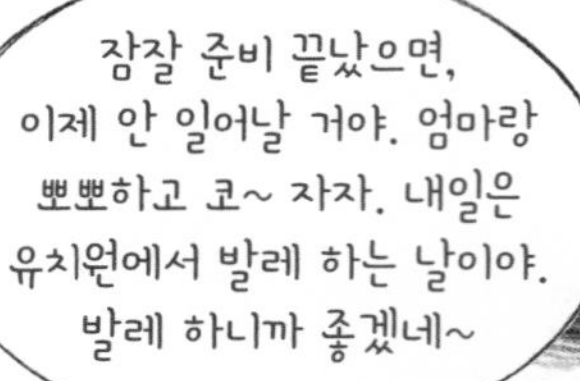
잠잘 준비 끝났으면,
이제 안 일어날 거야. 엄마랑
뽀뽀하고 코~ 자자. 내일은
유치원에서 발레 하는 날이야.
발레 하니까 좋겠네~

와~ 신난다! 빨리
발레 하고 싶다~

자리에 누운 뒤에는 더 이상 아이의 요구를 들어주지 말자. 부드럽게 안거나 쓰다듬으면서 하루 동안 있었던 일이나 다음 날의 재미있는 계획 등을 이야기하다가 잠들게 한다.

잠시 후
엄마~ 자?

다급한 일이 아니라면 아이가 말을 걸어도 대꾸하지 말고, 눈 감고 조용히 자는 모습을 보여주는 게 좋다.

단호함이 필요해요

잠자기 전에는 아이와 갈등을 일으키기 싫고, 편안한 마음으로 잠들게 하고 싶은 마음에, 아이의 요구를 이것저것 들어주는 경우가 많지요. 잠자리에서 요구가 많은 아이들은 '지금 자기 싫은 것'이 주된 목적이기 때문에, 부모가 요구를 들어준다고 해서 문제가 해결되지는 않습니다. 결국 지친 엄마가 아이에게 신경질을 내는 경우가 많이 생기죠. 그러니 아이를 속상하게 만들더라도 좀 더 단호해질 필요가 있습니다. 만약 아이가 화내고 삐친다면 다독이고 위로하면서 재우시면 됩니다.

Mom's Tips

▶ **잠자기 전에 목욕이나 족욕시키기**

☞ 물에 허브오일을 뿌리면, 몸과 마음을 이완하고 진정시키는 데 도움이 된다.
"따뜻한 물에 몸 담그니까 기분 좋지? 꽃향기도 나는데 맡아봐. 어때?"

▶ **음악 알람이나 시계 그림을 활용해 '잠자기 의식'을 시작할 시간 또는 잠자리에 들 시간 알려주기**

☞ 뻐꾸기 소리나 오르골 음악을 스마트폰 알람으로 맞춰두면 편리하다. 또한 자기로 약속한 시간을 도화지에 그려서 시계 옆에 붙여두고, 아이가 그림의 시계와 실제 시계의 바늘 모양으로 잘 시간을 확인하게 한다.
"자, 꿈나라 시계랑 진짜 시계가 똑같아졌지? 이제 잘 시간이네."

▶ **잠들기 전에 영상물 보지 않기**

☞ 화면에서 나오는 빛은 잠을 잘 자게 만드는 호르몬(멜라토닌) 분비를 억제하며, 영상물 장면이나 내용이 계속 머릿속에 맴돌아 잠드는 걸 방해한다.
"이거 보면 잠이 안 오니까 지금은 보여주지 않을 거야. 내일 낮에 틀어줄게."

▶ **어둠이나 괴물에 대한 두려움과 불안감 없애주기**

"침대 밑에서 밤에 괴물 나올까 봐 무서워? 그럼, 괴물을 물리치거나 괴물이 못 나오게 하면 되지. 좋은 방법이 있을 텐데……."
"만약 괴물 나오면 엄마 아빠가 ○○(아이가 좋아하는 캐릭터)로 변신해서 지켜줄 거니까 걱정 마."
"음? ○○ 스티커를 침대에 붙여두면, ○○가 뿅 나타나서 괴물을 물리칠 거라고? 그거 멋진 방법인데?"

▶ **좋아하는 인형을 재우면서 자게 하기**
"인형 토닥토닥해주고, 자장가도 불러주자. 그럼 코~ 잘 거야."

▶ **천장에 야광별 붙이고 잠자리에 들기**
"아빠가 천장에 별 스티커 많이 붙였어. 우리 누워서 별 구경할까?"

추천할 만한 그림책

밤에도 놀면 안 돼? (이주혜, 노란돼지): 밤에 자기 싫어하는 아이와 밤에 자고 싶어 하는 박쥐가 서로 변신하는 이야기. 밤에 왜 자야 하는지를 즐겁게 깨달을 수 있는 책.
난 하나도 안 졸려, 잠자기 싫어! (로렌 차일드, 국민서관): 동생을 재우려고 안간힘을 쓰는 오빠와, 자지 않으려고 온갖 기발한 아이디어를 짜내는 동생과의 실랑이가 재치 있고 발랄하게 펼쳐지는 책.

Doctor's Q&A

Q 어린이집 다니기 시작한 이후로 잠을 잘 안 자려고 해요. 왜 그럴까요?

이사 간 새집에서 잠드는 첫날이나 새로운 직장에서의 첫 달에는 어른들도 설렘과 어색함에 잠을 설치곤 하죠. 마찬가지로 아이가 어린이집을 즐겁게 다니고 있다 하더라도, 생활 패턴의 변화는 아이에게 스트레스가 됩니다. 때문에 달라진 생활에 익숙해지기까지 잠드는 것을 힘들어할 수 있지요. 긴장감과 흥분이 원인이므로, 밤 시간의 규칙적인 잠자기 의식(책 읽기 같은 정적인 활동이나 몸을 이완시키는 목욕, 마사지 등)에 신경을 더 많이 써주셔야 합니다.

Q 밤에 계속 뒤척거리며 잠들지 못하고 힘들어하네요. 옆에서 보기에 답답하고 걱정됩니다. 무엇이 문제일까요?

낮잠도 자지 않았고, 분명히 피곤할 시간임에도 아이가 쉽게 잠들지 못하나 보네요. 몸은 피곤하더라도 감정적으로나 신체적으로 충분히 이완되지 않아서 그렇습니다. 잠들기 1~2시간 전부터는 차분한 활동을 하게 도와주시고, 하루 동안 속상했던 일을 이야기하면서 위로받는 시간을 갖게 해주세요.

Q 아이가 잠드는 시간이 아빠 퇴근 시간과 겹칩니다. 아이가 아빠와 놀고 싶어 하는데, 이럴 때는 어떻게 해야 하나요?

아이의 마음은 충분히 이해가 갑니다. 자기와 신나게 놀아주는 아빠를 하루 종일 기다리느라 설레고 흥분했을 테지요. 이런 아이에게 '지금은 자야 하니까 놀아줄 수 없다.'고 말하면 너무 매정한 것 같아서 자꾸 놀아주게 됩니다. 그러나 놀면서도 '재워야 하는데 이래도 되나?' 하는 생각이 들죠. 아빠와 잘 놀다가도 기분 좋게 잠드는 아이라면 큰 문제가 없지만, 계속 놀아달라고 조르다가 결국 혼나는 아이라면, 어느 정도의 통제가 필요합니다. 아빠와의 신체놀이는 주말 낮에만 하기로 하고, 평일 8시 이후에는 책 읽고 이야기하기 정도만 하는 것으로 규칙을 정하세요. 물론 그렇게 약속을 정해도 아이가 말을 듣지 않고 고집부릴 수 있지만, 아무리 떼를 써도 정한 규칙은 지키도록 해야 합니다. 약속을 지키는지의 여부는 '부모의 의지'에 달려 있음을 잊지 마세요.

잠투정

어른들도 몸이 피곤할 때는 더 많이 짜증 내고 신경질 부리게 됩니다. '내가 몸이 피곤해서 그렇구나.'라는 걸 깨달으면 스스로 조절하려고 노력하지만, 마음만큼 잘 되지 않을 때가 많죠. 그래도 최소한 어른들은 자신의 상태를 자각할 수 있는 능력이 있습니다.

반면 아이들은 자기 마음과 몸 상태에 대한 인식이 부족합니다. 뭔가 불편하기는 한데, 몸이 불편해서인지 졸려서인지 화나서인지 잘 분별하지 못하지요. 그래서 자기 나름대로 상황을 엉뚱하게 판단해서, 트집을 잡아 신경질을 냅니다. 왜 그러냐고 물어보고, 해달라는 대로 해도 아이의 짜증이 가라앉지 않는 건 그 때문이죠.

그러니 최선의 해결책은 빨리 재우는 것입니다. 이것저것 요구하며 짜증 내고 투정 부리는 아이를 빨리 재우지 않고서는, 피곤해서 생기는 잠투정을 해결할 수 없습니다. 아이의 요구나 트집에 일일이 대꾸하거나 훈육하지 말고, 최대한 빨리 재워야 합니다.

35: 잠옷 안 입겠다고 잠투정 부릴 때

억지로 입히며 야단치는 아빠

이러면 안 돼요_ 평상시 아이가 고집부릴 만한 일이 아닌데도 엉뚱한 고집을 부린다면, 잠투정이 아닌지 아이의 상태를 확인할 필요가 있습니다. 잠투정 부리는 아이에게는 논리적인 설명이 통하지 않으며, 일일이 대꾸할수록 오히려 심하게 고집부리지요. 그럴 때 야단치는 건 관계만 나빠지게 합니다. 특히 아빠들은 아이의 행동이 눈에 거슬렸을 때 즉시 버릇을 바로잡아야겠다는 생각에 무조건 엄하게 야단치는 경우가 있는데, 그런 일이 반복되면 아이는 아빠를 점점 더 무서워하고 심리적 거리감을 두게 됩니다.

졸려서 짜증 나는 마음을 헤아려주고, 부드럽게 달래면서 재운다.

○○야, 잠옷 입기 싫어?
싫어, 싫어~
어어엉 안 입어…
우리 ○○, 졸리니? 피곤해서 입기 싫구나.
그럼, 입지 말고 여기 누워.
아아앙~ 싫어~
잠옷 입히는 것을 보류하고, 우선 아이를 재우는 방향으로 대처한다.
피곤하면 짜증 나는거야. 아빠도 그럴 때 있어.
엄마가 토닥 토닥해줄게.
으아아아~ 함~
아이의 불편한 마음을 알아주고, 이해한다고 부드럽게 말해주자. 금방 진정되진 않겠지만 시간이 흐르면서 기세가 조금씩 누그러질 것이다.

아이가 잠든 후에 조심조심 잠옷을 입힌다.

이렇게 해보세요

아빠들은 평소 아이와 지내는 시간이 적어서 아이의 상태를 세심하게 파악하기 어렵지요. 특히 유아기는 성장 속도가 빨라 아이의 상태가 계속 변하기 때문에 엄마들도 힘들어합니다. 그러므로 아이가 성장하는 과정에서 잠투정 같은 행동이 발견되면, 엄마가 아빠에게 설명하고 어떻게 대처해야 하는지 미리 알려주세요. 아이와의 불필요한 갈등을 줄이고 원만한 관계를 유지하는 데 도움이 될 거예요.

평소 잠투정이 많은 편이라면, 낮 시간에 너무 피곤하지 않게 활동을 조절하고, 잠자기 전에 새로운 놀이나 자극적인 음식, TV 시청을 피하는 것이 좋아요. 또한 잠들기 1~2시간 전부터 간단한 몸 풀기 동작(태권도, 발레, 수영, 체육 수업 때 배웠던 스트레칭 동작 몇 가지)과 목욕, 마사지, 그림책 읽기 등 규칙적으로 '잠자기 의식'을 할 수 있게 도와주세요.

마사지할 때는 스킨십을 통해 정서적 교감을 나누고, 어린이집이나 유치원에서 하루 동안 있었던 일을 함께 이야기하며 몸과 마음을 이완시켜 주세요. 낮잠을 많이 자거나 아침 늦게 일어나는 등 잠자는 시간이 불규칙하고, 잠자리가 불편한 경우에도 잠투정할 수 있으니, 평소 자는 시간을 일정하게 지키고 잠자리를 편안하게 만들어주세요.

Mom's Tips

▶ **마음 알아주고 관심 전환시키기**

"꼭 그렇게 하고 싶은데 잘 안 되니까 짜증 나는구나. 정말 속상하지?"
"일단 저기 푹신한 데 앉아서 이야기해보자. 곰 인형 갖다줄까?"

▶ **포근한 느낌의 손 인형으로 마음 달래기**

"안녕? 나는 꿈나라에서 온 곰돌이야. 졸려서 힘들어하는 친구들이 있으면 얼른 도와주지. ○○가 많이 힘들어 보여서 찾아왔어. 우리 악수할까? 그래, 좋아. 지금부터 널 포근하게 해줄게. 자, 여기 누워봐. 편안하지?"

▶ **빨리 잘 수 있는 분위기 만들기**

☞ 외출 중에는 잘 달래서 유모차나 카시트에서 자게 하거나 유아휴게실 혹은 조용한 장소에서 일단 재운 후에 잠든 아이를 안고 이동한다.
"짜증 나지? 피곤하고 졸릴 땐 기분이 나빠져. 여기 기대면 좀 나아질 거야."

▶ **부드러운 담요나 인형을 주고 마음 진정시키기**

"○○가 제일 좋아하는 인형 줄게. 이거 안고 있으면 기분이 좋아질 거야."

▶ **잠들기 전에 차분한 활동으로 잠을 유도하기**

"우리 침대에서 책 읽을까? 잠깐 기다려. 꿈나라 음악 좀 틀고 올게."

▶ **허브 오일이나 로션으로 발 마사지 또는 족욕시키기**

"발 따뜻하게 해서 만져주니까 기분 좋지? 가만히 눈 감고 있어."

Doctor's Q&A

Q 졸음이 오면 소리 지르고 때리면서 난동을 부립니다. 특히 다른 사람과 같이 있거나 사람 많은 곳에 나가면 아주 심해요. 야단쳐도 소용없는데, 어떻게 해야 할까요?

졸릴 때는 가능하면 차분하고 자극이 적은 환경에 있는 것이 좋습니다. 그건 어른들도 마찬가지죠. 3~6세는 서서히 낮잠을 끊는 연령이기 때문에, 낮잠을 잔 날은 밤에 일찍 자지 않으려고 짜증 부리고, 낮잠을 자지 않은 날은 초저녁부터 졸려 괜한 신경질을 내기 쉽습니다. 자극이 많은 곳에서 잠투정이 많은 아이라면, 예방이 제일 중요하지요. 아이들의 수면 패턴을 파악하셔서, 특히 낮잠을 자지 않은 날 저녁에는 가능하면 집에서 차분한 활동을 할 수 있게 도와주세요.

Q 자기 전에 잠투정하는 것은 이해하겠는데, 잘 자고 일어나서는 왜 잠투정하는지 모르겠어요.

수면 패턴은 제각기 다릅니다. 아침에 쉽게 일어나는 사람도 있고, 잠에서 깬 뒤에 한참을 이부자리에서 뒤척이는 사람도 있죠. 아이 특유의 수면 패턴이라 생각하고 인정해주세요. 가능한 한 충분히 수면을 취할 수 있게 해주고, 그렇게 해도 잠투정을 부리면, '시간이 지나면 컨디션이 좋아지겠지.'라는 생각으로 참고 기다려줘야 합니다. "잘 자고 나서 왜 그래? 자꾸 그러면 혼난다!" 등의 대응은 전혀 도움 되지 않습니다.

Q 잠투정이 너무 심해서 늘 업어주다 보니, 이제는 업어야 잡니다. 업어서 자는 버릇을 고치고 싶은데 어떻게 해야 할까요?

가능하면 아이에게 큰 스트레스를 주지 않고 버릇을 고치고 싶은 게 부모 마음일 겁니다. 하지만 아이의 버릇을 고치고 싶다면, 어느 정도 힘겨루기는 각오해야 합니다. 아이의 컨디션이 좋은 낮 시간에 미리 차분하게 설명하세요. '너도 이젠 많이 자라서, 업어서 재우기에는 너무 힘들다.'고요. 물론 이렇게 설명한다 해도, 아이가 당장 그날 저녁부터 곱게 누워서 자지는 않을 겁니다. 밤이 되면 언제나처럼 다시 잠투정이 시작되겠죠. 이미 아이에게 설명했기 때문에 그 약속을 지키는 것은 이제 부모의 몫입니다. 아이가 울다 지쳐 잠들지라도 '떼쓰면 내 말대로 해주는구나.'라는 생각을 하지 않도록, 끝까지 버텨내야 합니다. 그렇게 해서 아이의 흥분이 가라앉고, '정말로 안 업어주나 보다.'라고 포기할 즈음에, 아이의 속상한 마음을 알아주세요. "엄마가 업어주길 바랐는데 안 그래서 서운했지?" 하면서 위로하는 과정은 꼭 필요합니다.

밤에 자주 깨서 울기

아이들은 뇌 기능이나 생리 조절 기능의 발달에 있어서 자기조절능력을 갖춰나가는 과정에 있기 때문에, 자신의 컨디션을 조절하는 것이 미숙합니다. 특히 세 돌 전의 아이들은 자신의 행동이나 생리적 상태, 감각, 주의집중, 감정, 각성 상태 등을 인식하고 조절하는 일에 무척 서툴지요. 이러한 '조절(regulation)의 문제' 때문에 아이들은 자다가 깼을 때 짜증을 심하게 내거나 부모가 아무리 다독여도 계속 신경질 부립니다. 아이의 뇌가 '잠자는 뇌'에서 '깨어 있는 뇌'로 쉽게 전환되지 않아서 생기는 현상이죠.

이런 아이들은 대체로 예민한 특성을 타고났기 때문에, 아이를 변화시키려 애쓰기보다는 아이의 특성을 인정하고, 성숙하면서 자연스럽게 나아지기를 기다리는 마음가짐이 필요합니다. 아이를 억지로 변화시키려고 끊임없이 설득하고 훈육하는 방식으로는 문제를 해결하지 못할 뿐더러 부모-자녀 관계만 악화시킬 수 있습니다. 아이가 흥분과 울음을 가라앉힐 때까지 토닥이고, 안아주고, 손잡아주세요. 이런 일이 잦아서 엄마가 지치고 아이와의 관계가 많이 악화될 정도라면, 의사의 도움을 받는 것이 좋습니다.

36: 밤에 자주 깨서 울 때

지치고 화가 나서 혼내는 엄마

숙면을 방해할 수 있는 불안 요인들

▸ 엄마를 동생한테 뺏기다니!

▸ 엄마 아빠! 나 때문에 싸우는 거야?

▸ 모르는 애들과 지내는 게 힘들어!

▸ 무서운 괴물이 자꾸 생각나!

▸ 엄마, 나 사랑하는 거 맞아?

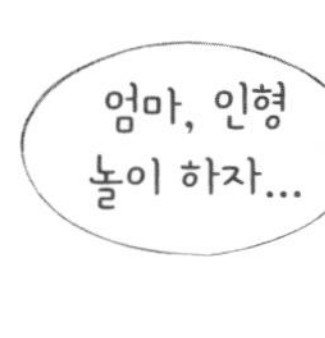

이러면 안 돼요_ 밤에 자주 깨서 우는 아이 때문에 지치고 피곤해지면 어떤 부모라도 화를 참기 힘들어지지요. 그러나 화가 난다고 윽박지르거나 때리면, 아이의 마음을 불안하게 만들어 수면 문제를 악화시킬 수 있습니다. 아이들이 숙면을 취하지 못하는 이유는 주변 환경에 의한 스트레스나 불안감 때문인 경우가 많은데, 그러잖아도 불안한 아이를 더 불안하게 만드는 셈이죠. 특히 잠자기 직전에는 부정적인 경험을 하지 않도록 신경 써야 합니다. 아이가 안 잔다고 야단쳐서 울리거나, "안 자면 엄마 나가버린다!"라며 협박하거나, 무서운 장면이 나오는 TV 또는 동화책을 보여주거나 부부 싸움을 하는 등 아이에게 불안감을 불러일으키는 상황을 만들지 않아야 합니다.

편안한 마음으로 자게 한 뒤, 밤에 깨면 조용히 안아준다.

잠자기 전에

따뜻한 물을 약간 마시게 해서 긴장을 풀게 하고, 몸을 이완시킨다.

무서운 거 말고
재미있는 그림책 3권
골라보자. 엄마가
읽어줄게.

불안감이나 부정적인 감정을 잠재울 수 있게, 자기 전에는 편안하고 즐거운 이야기를 읽어주는 것이 좋다.

○○가 좋아하는
인형 데리고 자자.
같이 꿈나라로 놀러
가게.

좋아하는 인형이나 물건을 옆에 두면 아이가 안정감을 느끼면서 잠들 수 있다.

밤에 깨서 울 때

함께 누운 자세로 뒤에서 꼭 안아주고 부드럽게 달랜다. 부모가 옆에서 지켜준다는 걸 느끼면 마음이 진정될 것이다.

이제 코~ 자자...
토닥토닥

울음을 그친 뒤에도 자지 않으면, 부드러운 목소리로 자라고 말하거나 자장가로 잠을 유도한다. 더 이상 울지만 않는다면 부모가 조용히 자는 모습을 보여주는 것도 괜찮다.

속상했던 마음을 자기 전에 풀어주세요

평소에 숙면을 취하지 못하는 아이에게 가능하면 스트레스를 주지 않으려고 노력은 하지만, 사실 생활하다 보면 아이가 놀라거나 화나는 일도 생기게 마련이죠. 이럴 때는 잠자기 전에, 하루 동안 속상했던 일에 대해 반드시 이야기를 나누세요. 괜히 이야기 꺼냈다가 아이 기분만 더 상할까 봐 일부러 즐거운 이야기만 나누는 경우가 있는데요. 내키지 않더라도 하루 동안의 속상했던 일들은, 대화를 통해 공감해주는 게 좋습니다. 아이는 자기 마음이 위로받는 경험을 통해서 엄마와의 애착도 강화되고, 맺힌 감정도 풀어져 편안한 마음으로 잠들 수 있습니다.

아이의 마음을 위로할 때는 부모나 다른 사람의 입장을 내세워 이해시키는 것이 아니라, 아이의 속상하고 서운했던 감정에만 초점을 두고 대화를 나누세요. 아이를 '설득하고 이해시키기'가 아닌 '위로와 공감하기'를 하셔야 합니다.

잘못된 위로의 말

(1) "아까 못 놀게 한 건 네가 미워서 그런 게 아니야. 집에 들어와서 씻고 저녁 먹어야 하는데, 너무 늦을까 봐 그랬지. 너도 알지?"

(2) "○○한테 장난감 양보한 건 정말 잘한 거야. ○○는 너보다 동생이고 손님이지? 그러니까 너무 속상해하지 말았으면 좋겠어."

위의 (1)처럼 엄마의 입장이나 상황만 설명하려 하거나 (2)처럼 손님의 입장만 설명하고 아이의 서운한 감정에 대해서 전혀 언급하지 않는 것은 아이를 진정으로 위로하고 공감해주는 대화가 아닙니다. 아무리 따뜻하고 부드러운 분위기로 대화한다고 해도 말이죠. 아이의 입장이나 감정에 초점을 두고 대화하려면, 다음과 같이 이야기해야 합니다.

진정한 위로의 말

(1) "아까 엄마가 더 놀지 말라고 해서 화났지? 더 많이 놀고 싶었을 텐데……."

(2) "너도 그 장난감으로 놀고 싶었는데 양보하라고 해서 속상했지? 너도 갖고 놀고 싶었을 텐데, 엄마한테 정말 서운했겠다."

이렇게 해보세요

아이가 밤에 깰 때마다 업어주거나 유모차에 태워서 동네 한 바퀴 도는 등 힘들게 다시 재우는 것은 금물입니다. 혼자서 잠드는 법을 배우지 못하고, 매번 부모의 도움에 의지하여 자는 것이 습관화될 수 있기 때문이죠.

처음 어린이집에 적응하거나 동생이 생기는 등 큰 변화를 경험하게 될 때는 평소에 아이의 마음을 많이 헤아려주시고, 아이에게 불안감을 줄 수 있는 말을 하지 않도록 조심하세요. 그리고 어른들은 무심코 지나칠 수 있는 TV나 게임의 어떤 장면이 아이에겐 큰 자극이 될 수 있으니, 잠자기 2시간 전부터 TV는 끄고, 스마트폰 등을 이용한 게임도 그만두게 하세요.

아이의 생활에서 별다른 불안 요인이 없다면, 수면 환경에 문제가 없는지 살펴보고, 쾌적한 잠자리를 마련해주세요. 특히 겨울에 춥다고 방을 너무 덥게 하면 아이가 땀을 흘리면서 습한 기운에 자주 깰 수 있으니, 방 온도는 22~24도, 습도는 50% 정도로 맞춰서 약간 선선하게 재우는 편이 좋습니다.

Mom's Tips

▶ **일정한 시간에 자고 일어나는 습관 들이기**

"저녁엔 9시에 자고, 아침엔 8시에 일어나자. 매일매일 알람 맞출 건데, 알람 음악 ○○가 골라볼래?"

▶ **불안한 마음 공감해주기**

"엄마가 동생만 예뻐하는 것 같아서 속상하구나. 엄마는 동생 안고 있어도 ○○를 세상에서 제일 사랑해!"

"처음 만난 선생님, 친구들이랑 놀아야 해서 많이 힘들었겠다. 그런데 매일 만나면, 선생님도 친구도 점점 좋아질 거야. 재미있는 놀이도 많이 할 수 있고."

▶ **발을 마사지한 뒤, 부드러운 수면 양말 신기기**

"엄마가 발 만져주니까 기분 좋아? 자, 다 됐다. 이건 꿈나라 갈 때 신는 예쁜 양말이야. 보드랍지? 이거 신으면 포근포근 따뜻해."

▶ **어둠을 무서워하면 꼬마전등을 켜거나 천장에 야광별 붙이기**

"이거 켜고 자면 무섭지 않아. 엄마 아빠도 옆에서 지켜줄 거고. 이제 괜찮지?"

Doctor's Q&A

Q 수면을 방해하는 질병이 따로 있나요?

아이의 편안함을 방해하는 모든 질병이 수면을 방해합니다. 주로 아토피로 인해 피부가 간지럽거나, 감기로 코가 막혀 숨 쉬기 불편하거나, 설사해서 배가 아픈 경우에 잠들기 어려워하고, 자주 깨게 되지요. 이럴 때는 해당 질환에 대한 적극적인 치료가 우선되어야 합니다.

Q 밤에 자주 깨는 것 때문에 여러 방법을 다 써봤지만 소용없네요. 잠에서 깼을 때 안아주려 해도 발버둥을 칩니다. 너무 예민한 것 같은데, 이런 아이는 어떻게 해야 하나요?

신체적, 심리적으로 편안하게 해주었는데도 불구하고 수면 문제가 지속되는 경우는 매우 드뭅니다. 신체 감각이나 각성 상태 등에 대한 '조절(regulation)의 문제'가 있는 아이일 수도 있는데요. 그 정도가 심하다면 전문가와 상의해야 합니다.

Tips 부부 싸움은 아이의 수면을 방해해요

부부 싸움은 퇴근 이후의 저녁이나 밤 시간에 일어나는 경우가 많은데, 아이가 잠들기 전 혹은 잠자는 중에 일어나는 부부 싸움은 아이의 수면에도 악영향을 끼칩니다. 자기를 돌봐주는 소중한 존재인 엄마 아빠가 서로 흥분하고 싸우는 모습은 어린아이에게 매우 두렵고 무서운 경험이죠. 부부 싸움을 반복해서 보게 되면, 아이의 '감정 뇌'에 그 기억이 남아서, 나중에는 엄마 아빠가 큰 소리로 대화하는 것만 봐도 '또 싸우는 것 아닌가?' 하고 불안해할 수 있습니다. 또 부모가 싸우는 것을 보면서 '내가 착하게 굴지 않아서 엄마 아빠가 화난 건가?'라는 걱정도 하게 됩니다. 이런 식으로 아이에게 자꾸 불안감이 쌓이면 마음 편하게 자지 못하고 밤에 자주 깨는 문제가 생길 수도 있으니 조심해야 합니다.

수면장애

***아이들의 수면 패턴은 아직 미성숙합니다**

수면 패턴과 수면 시 뇌파는 아기 때부터 점점 성숙해지며, 만 12세가 되어야 성인과 비슷해집니다. 취학 전 연령 아이들의 수면 패턴은 활발한 변화와 성숙을 거듭하는데, 이때 각종 수면 이상 문제가 발생하기 쉽습니다.

***야경증**

부모들이 가장 우려하는 것이 '야경증'입니다. 아이가 잠든 지 몇 시간 되지도 않았는데, 갑자기 악쓰고 우는 소리가 들려서 가보면, 아이가 벌떡 일어나 앉아있습니다. 울면서 악쓰고 있음에도 깬 게 아니고, 깨워도 잘 깨워지지 않으며, 흥분 상태로 중얼거립니다. 그러다가 다시 잠들기까지 수십 분이 걸리기도 하죠. 이때는 억지로 깨우지 말고, 흥분이 가라앉을 때까지 안아서 다독여야 합니다. 가끔 한두 번은 정상 발달 과정에서 겪을 수 있는 문제이니 그냥 두고 봐도 됩니다. 하지만 일주일에 2~3번 이상 자주 발생한다면, 아이가 과도한 스트레스를 받고 있는 건 아닌지 고려해야 합니다. 신체적인 피로, 흥분 상태 등이 야경증을 악화시키기도 하니까요. 이런 증세가 계속 반복된다면 전문가와 상의해야 합니다.

***몽유병**

야경증보다 드물지만 몽유병을 겪는 아이들도 있죠. 일어나서 여기저기 돌아다니기도 하고, 텔레비전을 켜거나 현관문을 여는 등 꽤 정교한 행동을 하기도 합니다. 물어보는 질문에 대꾸도 하지요. 몽유병 자체가 큰 문제는 아니지만, 아이가 잠든 채로 다니다가 다칠 수 있기 때문에 위험합니다. 수면 단계상으로는 깊은 수면에 해당되기에, 억지로 깨우려 해도 쉽지 않죠. 조용히 유도해서 다시 방으로 데려가 재우는 것이 좋습니다. 횟수가 잦고, 행동이 다양하고, 활동 반경이 크면, 다치고 넘어질 위험이 있으니 전문가와 상의해야 합니다.

대소변 못 가리기

대소변 가리기는 신경계 발달이 뒷받침되어야 가능합니다. 갓난아기 때는 신경계가 아직 충분히 발달하지 않아서 요의, 변의를 잘 느끼지 못하고, 싸고 난 후에 축축함, 불편함 정도만 느끼지요. 그러나 만 2세가 넘으면 방광이 차는 것을 느끼고, 만 3세가 되면 괄약근 조절이 가능해집니다. 아이들은 이러한 발달 시기에 먼저 대변을 가리기 시작하고, 그다음으로 소변을 낮에만 가리다가 점차 밤에도 가리게 됩니다. 아이에게 배변 훈련을 아무리 시켜도 생리 기능이 발달하지 않으면 훈련은 실패할 수밖에 없죠. 배변 훈련은 아이가 스스로 마렵다는 느낌을 표현할 수 있을 때 시작하시기 바랍니다.

보고 배우면서 대소변을 가리게 됩니다

아이가 대소변을 보면, "우리 ○○ 시원하겠다!" 하고 반가워하면서 칭찬하곤 합니다. 그리고 아이는 기저귀의 똥이 변기에 버려지는 것도 보고, 엄마와 같이 "응가, 안녕~ 잘 가!" 하고 물을 내리면서 '응가는 변기에 버려지는구나.'라는 걸 자연스럽게 익히죠. 또 아이가 쉬나 응가가 마렵다고 하면 변기에 앉히고 쉽게 힘주라고 손도 잡아주고 뒤처리도 도와줍니다. 이러한 경험을 통해서 아이는 대소변 마려울 때 미리 엄마에게 말하면 도움받는다는 걸 깨닫지요. 엄마나 아빠가 화장실 이용하는 모습을 보면서도 '내가 다음에 응가 마려울 땐 저렇게 하면 되겠구나.' 하는 걸 배워나갑니다. 배변 훈련을 시키려고 너무 애쓰지 않아도, 아이는 일상생활에서 보고 배우며 차차 대소변을 가리게 됩니다.

그런데 대소변이 마려운 느낌을 충분히 알면서도 변기 사용하는 것을 꺼리고 굳이 기저귀를 채워달라고 떼쓰는 아이들이 있습니다. 변기 사용을 두려워하기도 하고, 변기에서 물 내려가는 소리가 무서워서 그러기도 하죠. 새로운 경험에 대한 불안과 낯설어서 생기는 거부감은, 협박이나 강요가 아닌 응원과 칭찬 속에서 극복되어야 합니다. 단계적인 연습을 통해 서서히 변기에 익숙해질 수 있도록 도와주세요.

37: 놀다가 바지에 오줌 쌀 때

답답해서 다그치고 창피주는 엄마

이러면 안 돼요_ 소변 가리는 문제에 엄마가 예민하게 반응하고 짜증 내면 아이가 더욱 스트레스를 받아 실수를 반복할 수 있어요. 동생이 태어났다거나 일이 바쁘다 보면 아이의 실수에 너그럽지 못할 때가 많죠. 이럴 때 동생이나 남 앞에서 창피를 주거나 자존심을 상하게 할 만한 이야기를 하면, 아이가 수치심을 느끼고 상처받습니다.

신경계 발달이 아직은 미숙해요

소변을 잘 가리던 아이가 갑자기 실수를 하는 경우도 있습니다. 동생이 태어나거나 어린이집을 다니기 시작하는 등 급격한 생활 변화에서 오는 스트레스 때문인 경우가 많죠. 이에 부모들은 "아이가 스트레스 때문에 퇴행했나 봐요. 관심받고 싶어서 아기처럼 구는 것 같아요."라고 합니다. 하지만 심리적인 이유만을 생각하면 안 됩니다. 4~5살 아이들이 스트레스 때문에 소변 실수한다는 이야기는 들어봤어도, 15살 청소년이 같은 이유로 실수한다는 이야기는 들어보지 못했을 거예요. 배뇨를 조절하는 신경계가 충분히 성숙한 후에는, 스트레스 때문에 우울증이나 불안증이 생길지는 몰라도, 소변 실수 등의 퇴행 행동이 일어나진 않습니다. 아이는 아직 소변을 완벽하게 조절할 만큼 신체적으로 성숙이 덜 된 겁니다. 엄마에게 관심받고 싶고, 엄마를 괴롭히고 싶어서 일부러 그러는 거라고 생각하지 마세요. 나이 먹으며 자연스럽게 좋아질 문제라고 여유 있게 받아들이는 것이 좋습니다.

아이와의 관계가 나빠지면 배변 훈련은 불가능해요

배변 훈련에서 부모의 역할은 '소변이 마려운 걸 깨닫게' 해주는 것이 아닙니다. 아이가 성숙해서 '오줌 나올 것 같아.'라는 걸 스스로 인식하게 되었을 때, (1)부모에게 어떻게 표현하면 되는지(엄마, 나 쉬!), (2)어디에서 어떻게 소변보면 되는지(그래? 잠깐 기다려. 엄마가 쉬야 통 갖다줄게.)를 훈련시키는 것이 부모의 역할이죠.

이 두 가지를 훈련시키려면, 아이와의 관계가 편안해야 합니다. 소변 문제로 아이를 자꾸 혼내면 아이는 소변 문제를 '부모에게 도움을 요청하기 어려운 일'로 인식합니다. 그래서 부모 없는 곳에 숨어서 소변보거나, 부모에게 말하지 못하고 쌌다가 또 혼나는 악순환이 벌어지죠. 그러니 배변 훈련은 (1)잘했을 때는 칭찬하고 기뻐해주고, (2)잘 못하거나 실수했을 때는 크게 신경 쓰지 않고 무심히 넘어가는 것을 원칙으로 해야 합니다.

아이를 안심시키고, 다음부터는 "쉬했어요." 혹은 "쉬 마려워요."라고 말하게 한다.

화장실 가는거 깜빡했구나? 괜찮아. 실수할 수 있어. 다음엔 '쉬 마려워요.', '쉬했어요.'라고 말해줄래? 바지 벗고 있어. 동생 눕히고 올게.

아이의 실수에 대수롭지 않다는 듯 행동하자. 실수할 수도 있는 거라고 말해 당황한 아이를 안심시킨 뒤, 다음부터는 엄마에게 도움을 요청하라고 알려준다.

잠시 후

오줌 닦다가 걸레가 축축해지면 여기 통에 넣어. 엄마는 다른 걸레 가져올게.

혼나진 않지만 실수하면 자신이 어느 정도 책임져야 한다는 것을 자연스럽게 깨닫도록 뒤처리에 동참시키는 것도 괜찮다.

저녁

부모와의 관계가 안정된 아이일수록 부모를 모방하려는 욕구가 있으니 먼저 아이 앞에서 배변 욕구를 표현하고, 변기 사용하는 모습을 실제로 보여주면 좋다.

○○야, 아빠 쉬하고 싶어. 변기에 쉬하는 거 볼래?
발 받침대 위에 올라가서 바지 내리고 해보자. 그렇지! ○○도 아빠랑 똑같이 하네? 아주 잘하는데!
나도 아빠처럼 해볼래!

이렇게 해보세요

배변 훈련을 시작하기 전부터, 아이가 부모에게 배변에 관한 표현을 적극적으로 할 수 있게 격려하고 칭찬해주세요. 아이가 아직 기저귀를 사용하고 있을 때에도, 똥이나 오줌을 기저귀에 싼 다음에 '쉬했다.' 혹은 '응가했다.'고 표현하면 기특하다고 박수도 치시고요. 이렇게 어릴 때부터 격려와 칭찬을 받은 아이가, 이후 대소변 가리는 시기에 부모에게 마음 놓고 도움을 요청할 수 있습니다.

38: 서서 팬티에 똥을 쌀 때

더럽다며 야단치는 엄마

이러면 안 돼요_ 신경질적으로 야단치면 아이가 위축되어 대변보는 일을 점점 두려워하게 되고, 대변 오래 참기, 숨어서 대변보기, 똥을 싸고 나서도 부모에게 숨기기 등의 부작용이 생길 수 있으니 주의해야 합니다.

변기 사용이 낯설어서 그래요

일어선 채로 기저귀에 대변을 보던 아이가 변기에 앉아서 누게 되는 변화는 아이에게 낯설고 두려울 수 있습니다. "변기에서 응가해야 된다." 라는 엄마의 강요가 싫어서 응가 마렵다는 것을 엄마에게 말하지 않고 변을 참거나, 안 보이는 곳에 몰래 숨어서 팬티나 기저귀에 변을 보는 아이들이 있죠. 그러므로 (1)응가 마렵다고 엄마에게 마음 편히 말하게끔 해주고, (2)변기에 친숙해지게 도와주세요. 아이가 변기에 익숙해지기 전까지는 "변기에서 응가하지 않아도 돼. 기저귀 채워줄 테니까, 응가 마려우면 말해."라고 말해주시면 됩니다. 반드시 변기에 눠야 한다는 부담이 없어지면, 아이가 맘 편히 "응가할래."라고 말할 수 있을 겁니다. 이때부터 점진적으로 아이가 변기에 친숙해지도록 도와주세요.

하루에 한 번, 일정한 시간에 변기에 앉는 연습을 시킨다.

* 하루에 너무 여러 번 변기에 앉히면 강요당하는 느낌이 들어 아이가 거부감을 드러낼 수 있으니 주의하세요.

○○가 좋아하는 장난감 많이 가져와도 돼. 변기에 앉아서 놀자. 엄마가 책도 읽어줄게.

좋아!

유아용 변기의자 주변에 좋아하는 장난감을 늘어놓게 한 뒤, 옷을 입은 채로 편안히 변기에 앉는 연습을 시켜주는 것이 좋다.

어느 정도 변기에 친숙해지면

평상시 대변보는 시간에 맞춰 변기에 앉히거나, 식후 10~20분쯤에 5~10분 정도 앉힌다. 어른 변기를 사용할 땐 받침대를 놓아서 양 발바닥이 바닥에 닿게 해야 힘주기 쉽다.

똥이 안 나와도 좋으니 잠깐 앉아있자. 자꾸 앉다 보면 똥 누는 게 점점 편해질 거야. 변기에 똥 누면 스티커 하나씩 줄게.
와! 내가 좋아하는 스티커다!

서서 똥 누려는 아이를 발견하면

대변 마려워하는 모습을 보이면 변기에 누자고 격려하고, 만약 서서 누기 시작하면 도중에라도 얼른 안아서 변기에 앉힌다. 변기에 누는 느낌에 익숙해져야 한다.

변기에 앉아서 누자. 잘할 수 있을 거야.

스스로 똥을 누겠다고 할 때

아이와 함께 힘주는 흉내를 내고, 배변 훈련 책을 읽거나 노래를 불러주며 대변보는 일을 흥미롭게 느끼도록 한다.

끙~ 끙~ 응가하자! 끙~ 끙~ 힘줘라~

끙~ 끙~

정말 잘했어! ○○ 똥이 얼마나 예쁘게 생겼나 볼까? 와~ 바나나 똥이네!

엄마! 넓어!

대변을 보지 못해도 변기에 잘 앉아있었다면 충분히 칭찬한다. 대변을 표현할 때는 친근하고 재미있는 표현을 쓴다.

만약 아이가 대변 치우는 걸 싫어하면 아이가 없을 때 치우고, 아이가 치우는 데 별다른 거부감이 없다면 어른 변기에 함께 가서 버린 뒤 물을 내리고 인사한다.

이렇게 해보세요

유아용 변기를 사용하다가 어른 변기를 사용하게 되면 아이가 낯설어하며 싫어할 수도 있으니 잘 적응할 수 있게 도와주세요. 아이가 혹시 변기에 엉덩이가 빠질까 봐 무서워하면 유아용 보조 변기를 어른 변기 위에 달거나, 화장실에 함께 가서 아이가 변을 보는 동안 손을 잡아주는 게 좋아요. 물 내리는 소리를 무서워하면 나중에 엄마가 물 내릴 테니 볼일만 보고 나오라고 해도 되고, 변기의 차가운 느낌을 싫어하면 타월 소재 변기 커버를 씌워주세요. 외출했을 때는 공중 변기에 화장지를 깔아주면 좋고요.

그리고 아이가 변을 볼 때 혼자 옷을 편하게 벗을 수 있게 단추나 지퍼가 달린 바지보다는 고무줄 바지를 입혀주세요. 아이가 만약 기저귀나 팬티 등 다른 곳에 변을 눴을 때는 부모가 그냥 치우지 말고, 아이를 데리고 함께 변기로 가져가서 버리는 모습을 보여줍니다. 그래야 변은 변기에 눠야 한다는 사실을 일깨울 수 있습니다.

Mom's Tips

▶ 배변 실수에 당황한 아이 마음 진정시키기

"엄마도 어렸을 때 오줌 싼 적 있어. 누구나 실수할 수 있으니까 걱정 마."

"오줌주머니가 작은 사람도 있고, 큰 사람도 있어. 주머니가 작으면 오줌이 금방 차겠지? 그래서 밤에 자다가 싸기도 해. 하지만 넌 점점 크고 있으니까 오줌주머니도 같이 커져서 언젠가는 안 싸게 될 거야."

"우리 ○○, 변기에서 잘 누는데, 오늘은 바지에 실수해서 깜짝 놀랐지? 잘하다가도 가끔 실수할 수 있어. 다음엔 마려우면 얼른 변기에다 하자."

▶ 어린이집(유치원)에서 실수했을 때 대처법 알려주기

"혹시 놀다가 깜빡 잊고 오줌이나 똥을 싸면 선생님께 가서 귀에다 대고 살짝 말씀드려. '오줌 쌌어요. 도와주세요.'라고. 그러면 얼른 도와주실 거야."

▶ 변기 사용을 강요하지 않기

"응가 마렵다고 말해줬구나. 그래, 잘했어. 근데 아직 변기가 불편하니? 그럼, 오늘은 기저귀에 할까?"

"지금은 누기 싫어? 그럼, 조금 있다가 누고 싶을 때 하자."

▶ 인형으로 배변놀이 하기

☞ 옷 벗고 변기 사용하는 법, 변을 본 뒤에 손 씻는 과정을 놀이로 경험함으로써, 아이가 대소변 가리기, 화장실 사용에 대해 자신감을 키울 수 있다.

"인형 팬티 벗기고 변기에 앉히세요. 쉬를 할까요? 응가를 할까요?"

"다 눴으면 휴지로 닦고, 옷을 입히세요. 물 내리고 나면 손을 깨끗이 씻어요!"

▶ 변을 재미있게 표현하여 배변에 대한 두려움 줄이기

"오늘은 ○○가 무슨 똥을 눴나……. 어? 기차에서 나오는 연기처럼 몽글몽글한데? 몽글이 똥이구나!"

▶ 변기에 변을 보면 상 주기

"우리 ○○, 변기에 응가 잘했으니까 비타민 하나 줘야겠다."

▶ 찰흙을 뭉쳐서 유아용 변기에 떨어뜨리며 놀기

☞ 배변에 대해 긍정적인 인식을 심어주고, 변기에 친숙해지는 효과가 있다.

"어떤 색 똥을 만들 거야? 엄만 예쁜 핑크색 똥을 만들어야지."

"와! 똥을 엄청 길게 만들었구나. 이제 변기에 톡 떨어뜨릴까?"

추천할 만한 그림책

똥이 풍덩! (알로나 프랑켈, 비룡소): 기저귀를 떼고 변기를 처음 사용할 때 유용하다. 자연스런 배변 훈련을 보여주며, 여아용, 남아용 책이 따로 있다.
응가하자, 끙끙 (최민오, 보림): 똥 눌 때 힘주는 동물들의 익살스런 표정에 아이가 따라서 힘주게 만드는 책. 배변을 유도할 때 읽어 주면 좋다.
오줌 누고 잘걸 (윤구병, 휴먼어린이): 오줌 싼 아이의 고민을 재미있게 그려냈다. 실수하더라도 당황하거나 창피해하지 않아도 된다는 걸 자연스럽게 알게 하는 책.

Doctor's Q&A

Q 대소변 가리기가 잘 안 되는데, 병원에 가봐야 할까요?

걷기, 말하기가 느렸던 아이가 대소변 가리기도 늦는다면 전반적인 발달이 늦는 것으로 생각하고 소아청소년과 의사와 상의해야 합니다. 다른 발달 속도는 다 괜찮은데 대소변 가리기만 늦는다면, 대변 문제는 만 4세, 밤 소변은 만 5세까지는 기다려보셔도 됩니다. 대부분의 아이들은 이 나이가 되기 전에 대소변 가리기에 필요한 신경계 발달이 어느 정도 마무리되는데요. 그 이후까지도 대소변 문제가 지속된다면 신체 발달상의 문제로 치료가 필요할 수도 있고요. 건강에 문제가 없다 하더라도, 대소변 못 가리는 문제로 인해 아이의 자존감 발달에 안 좋은 영향을 미친다면 치료가 필요할 수 있습니다.

Q 배변 훈련을 일찍 시킨 편인데 처음엔 잘 가리다가, 언젠가부터 자주 실수하고 화장실 가기를 싫어해요. 너무 일찍 훈련시키면 안 좋은가요?

신경계 발달이 충분히 이루어지기 전에 배변 훈련을 너무 일찍 시키는 것은 좋지 않습니다. 배변의 느낌을 아이가 충분히 느낄 수 있게 되었을 때 (1)대소변 마렵다고 표현하게 하고, (2)대소변을 어디서 어떻게 해야 하는지 훈련시켜야 합니다. 너무 이른 시기부터 훈련시키면, 대소변 보기가 아이에게 자연스러운 일로 여겨지지 않고, '제대로 해내지 않으면 안 되는 무거운 숙제'처럼 느껴져 저항감을 갖게 되지요. 배변 훈련은 빠른 것보다는 차라리 조금 늦게 시키는 게 더 좋습니다.

Q 대소변 가릴 줄 아는데도 어쩌다 똥을 싸서 애먹이네요. 어린애도 아닌데 왜 그럴까요?

대소변을 가릴 줄은 알지만, 아직은 배변과 관련된 신경계가 완전히 성숙한 것이 아니라 괄약근 조절 등이 미숙해서 그럴 수 있습니다. 아이들은 대소변 참는 능력이 어른보다 부족하니, 이를 자연스러운 현상으로 이해해주세요.

Q 대소변을 잘 가리다가 실수한 적이 있는데, 그 뒤로 자꾸 기저귀를 채워달라고 하네요. 이럴 때는 어떻게 해야 할까요?

대소변을 실수했던 일 때문에 본인도 많이 속상하고 자신 없어졌나 보네요. 칭찬과 격려, 약간의 보상으로 설득된다면 다행이지만, 아이의 반응이 완강하다면 굳이 변기 사용을 강요하지는 마세요. 아이가 자신감을 회복할 때까지는 (1)기저귀 사용하는 것에 무덤덤한 반응을 보여주시고, (2)변기 사용에 대한 관심과 시도에 대해서는 과장된 칭찬으로 대하면서 기다려주는 것이 좋습니다.

Q 만 4살인데 아직도 밤에 오줌을 싸니까 이불 빨래 감당하기가 너무 힘드네요. 그냥 팬티형 기저귀를 채워주는 게 좋을까요?

밤 소변은 만 5세까지는 기다려보셔도 됩니다. 하지만 엄마가 이불 빨래를 감당하기 힘든 게 문제지요. 엄마가 너무 힘들 때나 아이가 스트레스를 많이 받을 때는 자기 전에 팬티형 기저귀를 채워주셔도 괜찮습니다. 그러나 보통 때는 일반 팬티를 입힌 뒤, 이부자리 위에 방수요를 깔아주세요. 빨랫감도 줄이고 밤 소변 가리는 데도 도움이 됩니다. 아이가 오줌 싼 뒤의 축축한 느낌을 경험해야, 불편한 느낌을 피하기 위해서 밤 소변을 더 잘 가릴 수 있습니다.

Tips 배설장애

*소변을 못 가리는 우리 아이 ▶ 유뇨증인가요?

만 5세 이상인데 일주일에 2번 이상 반복적으로 소변 실수를 하는 일이 3개월 이상 지속된다면 '유뇨증'이라 생각하고, 일단 소아청소년과 의사에게 진료받게 해야 합니다. 이전에 한 번도 제대로 소변을 가려본 적이 없는 아이라면 '1차성 유뇨증'이라고 하고, 이는 대개 방광 기능 등의 발달 문제가 동반된 경우가 대부분입니다. 그동안 소변을 잘 가렸던 아이가 어느 순간 유뇨증이 생겼을 경우엔 '2차성 유뇨증'이라고 하는데, 대부분 심리적 스트레스로 인한 경우가 많습니다. 간단한 진찰과 소변 검사를 한 후, 경우에 따라서는 소아비뇨기과 혹은 소아정신건강의학과 의사에게 치료받기도 합니다.

*대변을 못 가리는 우리 아이 ▶ 유분증인가요?

만 4세 이상인데 한 달에 한 번 이상 반복적으로 대변을 못 가리는 일이 3개월 넘게 지속된다면 '유분증'이라 생각하고, 일단 소아청소년과 혹은 소아정신건강의학과 의사에게 진료받게 해야 합니다. 이전에 한 번도 제대로 대변을 가려본 적이 없는 아이라면 '1차성 유분증'이라 하고, 1년 이상 대변을 잘 가리던 아이가 갑자기 대변을 못 가리게 되었다면 '2차성 유분증'이라고 합니다. 2차성 유분증인 아이에겐 만성 변비가 있는 경우도 있고, 화장실 사용에 대한 공포증이 있는 경우도 있습니다. 신체적인 문제가 동반된 경우라면 그에 대한 치료를 병행하면서, 소아정신건강의학과 의사와 상의하여 그에 적합한 배변 훈련, 행동 수정 등을 시행해야 합니다.

배변 숨어서 하기 & 참기

아직 배변 습관이 익숙하지 않은 아이에게 '무서운 배변 훈련'을 시키면, 아이는 '무서운 엄마가 없는 곳'에서 혼자 대변을 보려고 합니다. 처음에는 숨어서 대변보는 것으로 시작되지만, 숨어서 하다가 엄마에게 걸려 더 혼나는 악순환이 반복되면, 아예 대변을 참다가 변비가 생기기도 하지요. 만성 변비는 아이의 배변을 더 힘들게 만드는 악화 요인이 될 수 있습니다. 그러니 아이가 배변을 자연스럽고 기분 좋게 느끼도록 많이 도와주세요. 배변 훈련을 시킬 때에는 절대로 혼내지 말아야 합니다.

39: 숨어서 대변볼 때

변기에 누라고 강요하는 엄마

평소에 강압적인 배변 훈련을 했던 엄마

변기에다 왜 못 눠? 진짜 답답하네! 언제까지 기저귀에다 쌀 거야!
왜 응가할 때마다 화내지? 엄마 앞에서 응가하기 무서워... 변기도 싫어...

그 결과 아이의 현재 상태

너 뭐 해? 아니 얘가! 왜 또 숨어서 눠? 변기에 누라고 했잖아! 자꾸 이러면 기저귀 없애버린다!
엄마! 가!

이러면 안 돼요_ 강압적인 배변 훈련 때문에 아이가 심리적으로 위축되면 '무서운 엄마' 앞에서 변 보는 것을 두려워하게 됩니다. 배변을 무섭고 긴장되는 일로 느끼면, 배변을 숨어서 하거나 참는 행동을 고치기 힘들죠. 아이가 배변 실수를 해도 혼내지 말아야 합니다.

두려워하는 마음을 풀어주세요

(1) **아이 마음 헤아리기:** 그동안 무섭게 배변 훈련을 시킨 엄마 때문에 두려웠던 마음을 위로해주세요. "엄마가, 너 응가 잘하라고 그랬던 거야. 네가 미워서 그런 거 아니야."라며 엄마 입장에서 말하지 마세요. "네가 변기에 응가 안 한다고 엄마가 혼내서 많이 무서웠어? 너는 아직 기저귀에 응가하는 게 더 편하지? 변기는 좀 무서워?" 하고 아이 입장에서 아이의 생각과 느낌을 알아주세요.

(2) **엄마 앞에서도 편안하게 대변보게 하기:** 변이 마려울 때 엄마에게 이야기하면 기저귀를 채워줄 수 있다고 안심시키세요. 당분간 훈련보다는 마음 편히 대변보는 게 더 중요하니까요. 아이가 마음 편히 대변볼 수 있는 방법을 엄마가 강구하고 적극적으로 도와주어, '엄마가 나를 도와주는 사람'이라는 느낌을 가질 수 있게 하세요.

(3) **변기에서 배변하도록 훈련시키기:** 며칠이 걸리든 몇 주가 걸리든 충분한 (2)의 과정을 통해서 아이가 엄마 앞에서도 '편하게 응가하기'가 가능해지면, 그때부터 변기에서 배변하는 훈련을 시작하세요.

힘든 마음을 알아주고, 마음 편히 배변할 수 있게 도와준다.

배변에 대한 두려운 마음 풀어주기

변기에 하라고 야단쳐서 무서웠지? 미안해, 이젠 안 그럴게. ○○는 기저귀가 더 편하지? 그럼, 앞으로는 "응가 할래요."라고 말해줘. 그러면 기저귀 줄게.

편안한 마음으로 배변할 수 있게 도와주기

엄마, 나 응가…
그래, 우리 ○○ 응가하고 싶구나. 자, 기저귀 차자.

더 이상 숨어서 배변하지 않으면

강아지도 끙끙~
병아리도 끙끙~
모두들 변기에다
응가하네?
끙끙~
응가

숨어서 배변하지 않을 정도로 편안해지면, 유아용 변기에 앉히고 배변 관련 책을 놀이하듯 읽어준다. 배변하는 자세나 힘주기 동작을 재미있게 보여주며 변기에 익숙해지게 하자.

변기 사용 시도하기

오늘은 변기에서
응가해볼래? 엄마가 같이
있어줄까? 아니면 나가 있을까?
나가 있어? 좋아, 그럼, ○○가
변기에 앉아서 편하게 누면 돼.
다 누면 엄마 불러.
응.

변기에 익숙해지면, 변기에 변을 볼 수 있도록 조금씩 도와준다. 배변 훈련에서 엄마는 더 이상 '감시하고 혼내는 사람'이 아니라 '도와주는 사람'임을 인식하게 하자.

40: 배변을 계속 참다가 팬티에 지릴 때

화내면서 화장실로 끌고 가는 엄마

이러면 안 돼요_ 변을 참는 모습을 옆에서 지켜보는 건 힘든 일입니다. 달랬다가 혼냈다가 무시했다가 별의별 방법을 다 써도 나아지질 않으면 답답하겠죠. 그렇다고 부모가 화내고 다그치면서 아이를 변기에 앉히는 것은 금물입니다. 아이는 혼날수록 대변보는 일을 점점 더 두려워하게 됩니다.

대변보는 게 두려워요

대변이 마려울 땐 불편하게 느껴지지만, 막상 누고 나면 시원하고 편안해지는 것이 보통인데, 이상하게도 대변보는 것을 참는 아이들이 있지요. 간혹 신나는 놀이를 멈추기 싫어서 참는 경우도 있지만, 습관적으로 참는 아이라면 배변을 두려워하는 이유가 있기 마련입니다. 변비 때문에 항문이 찢어져서 아프면, 다음번에도 똑같이 아플까 봐 배변을 참게 되고, 참다 보면 변비가 심해지는 악순환이 벌어지기도 합니다. 배변 문제로 엄마에게 많이 혼났던 아이들은 대변보는 일을 '무서운 일'로 여기기도 하고요. 변비가 있다면 소아청소년과 의사와 상의해서 변비부터 해결해야 합니다. 또 배변은 물론 일상생활에서도 무섭게 혼나는 일이 많았던 아이들의 경우 '무서운 훈육'만 줄어도 배변이 훨씬 편안해지고 자연스러워질 겁니다.

두려운 마음을 알아준 뒤, 변기에 점점 익숙해지도록 돕는다.

배변이 힘든 이유 알아보기

변기에 앉으면 기분이 어때? 물에 빠질 것 같아? 똥이 떨어지는 게 무서웠어?
똥 안 눈다고 화내서 힘들었니? 변기에 억지로 앉히니까 무섭고 싫었어?
옛날에 똥 눌 때 배가 아팠어? 아니면 똥꼬가 아팠어? 아... 똥꼬가 많이 아팠구나.

배변할 때 어떤 점이 힘든지 이야기를 나누면서 아이 마음을 공감해준다. 엄마로부터 충분히 이해받고 있다는 걸 느끼게 하자.

변기에 앉아서 배변놀이 하기

아빠, 이것 봐!
풍~덩 빠진다!
아빠가 화장지 물에 적셔서 줄 테니까, 똥 만들어서 변기에 빠뜨려봐.

가위바위보를 해서 지는 사람이 변기에 앉아서 방귀 소리 내는 게임 등 아이가 즐거운 마음으로 변기에 앉는 경험을 쌓게 한다.

배변 돕기

아직 변기에 앉는 건 싫지? 그럼, 엄마처럼 쭈그리고 앉아서 해봐. 똥이 쑥 나올 거야. 우리 나란히 앉아서 응가해보자, 끙~
이렇게?

변기를 계속 거부하면 당분간 신문지나 비닐 위에 쭈그리고 앉아서 변을 보게 한다. 이 자세로 변을 보면, 다리와 배에 힘이 들어가 항문이 잘 열린다. 아이가 기저귀를 찾으면 기저귀를 채워도 되고, 기저귀를 바닥에 깔고 변을 보게 해도 좋다.

아주 잘 눴어!
어때? 배가 시원하지?
이제 똥은 변기에 버리자.
○○도 점점 엄마 아빠
처럼 변기에서 잘
누게 될 거야!
응, 좋아.

아이가 변기에 배변한 것은 아니지만, 변을 변기에 버리는 걸 보여줌으로써, 언젠가는 변기에서 배변을 잘 하게 될 거라는 믿음과 자신감을 심어준다.

이렇게 해보세요

변비가 있을 경우, 아침에 일어나자마자 공복에 물을 한 잔 마시게 하고, 그 이후에도 물[4~8세 하루 물 권장량 1.4리터(약 7 컵)이므로, 변비 때는 더 많이 섭취]을 자주 마시게 하세요. 변비를 악화시킬 수 있는 인스턴트식품은 가능한 한 주지 마시고, 변을 부드럽게 하는 식품(양배추, 브로콜리, 시금치, 무 , 팥, 강낭콩, 현미, 옥수수, 고구마, 사과, 키위, 딸기, 포도, 김, 미역, 다시마, 꿀)을 먹이는 것이 좋습니다. 그리고 몸을 많이 움직이는 놀이를 하게 해서 장운동이 원활해지게 도와주세요.

배변 시 항문에 통증이 심할 때는 의사와 상담 후 항문 윤활제를 사용할 수 있습니다. 통증이 있으면 아무리 변기에 익숙해지더라도 배변할 때 힘드니까요. 아이가 보통 언제쯤 대변을 마려워하는지 알아둔 뒤,

그 시간 즈음하여 따뜻한 물로 좌욕시키거나, 배를 마사지(식후 2~4시간쯤 아이를 눕히고 배꼽을 중심으로 시계 방향으로 점점 원을 크게 그리며 천천히 마사지)해서 장운동을 도와주는 것도 좋은 방법입니다.

아이가 어린이집이나 유치원을 다니기 시작하면 화장실이 낯설고 어색해서 대변을 참게 되는 경우가 많은데, 되도록 집에 있을 때 대변볼 수 있도록 습관을 들여주면 좋지요. 특히 부끄러움이 많은 아이라면, 친구들 많은 데서 화장실 가는 걸 창피하게 생각할 수 있으므로, '화장실 가고 싶은데 도와주세요.'라고 적은 카드를 아이에게 줘서, 필요할 때 선생님께 보여드리고 도움받을 수 있게 격려해주세요.

Mom's Tips

▶ **모래나 밀가루 놀이로 배변에 대한 긴장감 풀어주기**

"깔때기에 모래를 부어보자. 와~ 모래가 밑으로 잘 빠지네. 시원하게 술술 빠지는 게 꼭 ○○가 응가하는 것 같다!"

▶ **기저귀와 헤어지는 의식 치르기**

"이제 ○○는 기저귀 차는 아기가 아니에요. 기저귀는 모두 이 상자에 넣어주세요. 상자를 끈으로 묶어서 멀리멀리 보낼 거예요. 기저귀랑 빠이빠이!"

추천할 만한 그림책

똥, 똥, 무슨 똥? (무라카미 야치요, 노란우산): 건강한 똥을 누려면 어떤 생활 습관을 가져야 하는지 4가지 똥을 소개하며 알려주는 책. 변비 있는 아이에게 읽어주면 좋다.

황금똥을 눌 테야! (박성근, 웅진주니어): 건강한 똥을 누기 위해 알아야 할 인체 과학 원리와 실천 가능한 방법을 아이들 눈높이에 맞게 만화식 구성으로 제시한 책.

누가 내 머리에 똥 쌌어? (베르너 홀츠바르트, 사계절): 동물들의 똥 이야기가 재미있게 펼쳐져, 똥에 대한 즐거운 감정을 불러일으키는 책.
어떤 화장실이 좋아? (스즈키 노리타케, 노란우산): 얼음 화장실, 미끄럼틀 화장실 등 온갖 기발하고 색다른 변기가 등장하는 책. 화장실을 즐거운 상상의 공간으로 만들어준다.

Doctor's Q&A

Q 어린이집에서 배변 훈련을 시킨다고 하면서 혼낸 모양인데, 언젠가부터 아이가 대변을 숨어서 보려고 해요. 이럴 땐 어떻게 대처해야 할까요?

집에서 충분히 배변 훈련이 되지 않은 상태에서 어린이집을 가게 되는 경우에, 어린이집 선생님이 배변 훈련을 시키기도 하는데요. 배변 훈련은 누구와 하건, '혼나면서 하는 훈련'이어서는 안 됩니다. 선생님이 너무 무섭게 혼냈을 수도 있고, 아이가 지나치게 예민하게 받아들인 것일 수도 있겠지만, 일단 선생님과의 배변 훈련 뒤에 이런 일이 생겼으니 배변에 대한 두려운 마음부터 풀어주세요(앞선 내용 중 287쪽의 〈두려워하는 마음을 풀어주세요〉 참고). 문제를 해결하는 과정에서 어린이집 선생님과의 긴밀한 상의와 협조도 필요합니다.

Q 대변을 참는 것도 문제지만, 소변도 너무 오래 참아서 걱정입니다. 달래기도 하고, 야단도 치지만 소용없네요. 어떻게 해야 할까요?

대변 참는 아이들과는 달리 소변 참는 아이들은, 지금 하던 놀이를 멈추기 싫어서 계속 참다가 싸는 경우가 많습니다. 흥분해서 소변 마려운 느낌을 미처 못 느끼기도 하고요. 아이가 몸을 배배 꼬고 소변이 마려운 듯 보이면 소변보러 갈 수 있게 해야 합니다. 다만 그럴 때 "지금 당장 소변보고 와."라고 하면, 신나는 놀이를 도중에 멈춰야 해서 이를 억울하게 여기고 저항하는 아이들도 있습니다. 놀이를 손해 본다는 생각이 들지 않게 5분 정도 '쉬는 시간'을 가지고 흥분을 가라앉히세요. 놀이의 흥분이 가라앉으면 소변보러 가겠다고 할 수 있습니다. 아니면 소변을 보건 안 보건 상관없이 화장실에 데려가서 변기에 앉혀보세요. 이때 소변을 왜 안 보냐고 혼내서는 안 됩니다.

Q 우리 아이는 화장실에 너무 자주 가요. 어떻게 해줘야 하나요?

화장실에 자주 가는 아이에게 신체적인 문제가 있는 것은 아닌지 먼저 고려해야 합니다. 장염 등의 문제로 대변을 자주 보러 가고 싶을 수도 있고, 요도염이나 방광염 등의 문제로 소변을 자주 보고 싶어 할 수도 있으니까요. 하지만 소아청소년과 진료에서 신체적으로 별다른 문제가 없다면, 심리적인 문제를 생각해야 합니다. 불안하고 긴장되면 소변 마려운 느낌이 금방 오는데, 막상 화장실에 가서는 소변이 거의 안 나오죠. 그런데도 자주 소변보러 가고 싶어집니다. 생활 속에서 아이를 불안하고 초조하게 만드는 원인으로 어떤 것들이 있는지 주의 깊게 살펴보시기 바랍니다.

Part 05

나쁜 습관 가진 아이

어릴 때부터 혼자서 하는 놀이에만 익숙해진 아이들은 청소년이 되거나 성인이 되어서도 사회적 관계를 통해 만족감을 얻을 줄 모르고 위로받을 줄도 모르게 됩니다.

영상물 시청 & 게임

취학 전 아이들에게 TV 시청이나 컴퓨터, 스마트폰 게임이 좋지 않다는 것은 잘 알려진 사실입니다. 교육용으로 나온 프로그램이나 애플리케이션이라고 해도 어린아이들의 뇌 발달에는 득보다 실이 많습니다. 왜냐하면, 유아의 뇌는 다른 사람들과의 상호작용을 통해서 성숙해지게끔 프로그래밍되어져 있기 때문이죠. '교육용이니까 괜찮겠지.' 하는 생각은 금물입니다.

이러한 매체 노출은 '적당하면 좋을 수도 있지만 과도하면 나쁜 것'이 아니라, 노출되지 않을수록 좋습니다. 아이의 뇌 기능 발달을 생각한다면, 아예 접하지 못하게 하는 것이 가장 좋죠. 하지만 현실적으로 전혀 노출되지 않고 생활하기란 쉽지 않습니다. 원하지 않아도 여기저기에서 노출될 일이 많으니까요.

그러므로 어릴 때는 영상물 시청이나 게임을 부모가 직접 통제해야 하며, 아이가 점점 자라면 스스로 통제할 수 있는 '자기조절능력'을 키워줘야 합니다. 평소 적당한 정도에서 노출되게 하시고, 훈육을 통해 욕구 조절 능력을 길러주세요.

41 : TV 끄면 자지러지게 울 때
실랑이 벌이다 다시 TV 켜주는 엄마

무심코 영상물을 보여주게 되는 상황들

▸ 아이가 떼쓰고 울 때

▸ 밤에 자기 전에

▸ 외출했을 때

이러면 안 돼요_ TV 시청을 제재했다가 떼쓴다고 다시 켜주면, 떼쓰는 행동으로 자신의 뜻을 관철시키려는 모습이 계속될 수 있습니다. 부모가 아이를 단호하게 통제하지 못하는 것도 문제지만, 하루 종일 습관적으로 TV를 켜고 생활하거나, TV를 '육아 도우미'로 활용하는 것도 문제입니다. 게다가 요즘에는 장소에 구애받지 않는 스마트폰, 태블릿PC 같은 기기 때문에 영상물에 노출되는 시간이 점점 더 길어지고 있죠. 아이를 제대로 통제하지 못하고, 바쁘다는 이유로 TV나 스마트폰의 편리함에 아이를 자꾸 내맡기다 보면, 심각하게 영상물 중독에 빠진 아이를 발견할지도 모릅니다.

부모의 의지가 중요해요

영상물 보는 시간과 게임하는 시간을 반드시 정하기 바랍니다. 대부분의 가정에서 규칙을 만들기는 하지만, 제대로 지키지 않는 것이 문제죠. "우리 애는 약속하고도 지키지 않아요." 하고 속상해들 하시는데, 규칙을 지키는 것은 아이보다 부모의 의지가 더 중요합니다. 규칙을 정했으면, 아이가 속상해하고 떼를 부리더라도 그대로 지키세요. '내가 떼쓴다고 더 볼 수 있는 게 아니구나.' 하는 원칙을 부모가 단호한 행동으로 보여주어 아이가 반복 경험해야 합니다.

그리고 단호함 못지않게 중요한 것은 아이의 입장을 이해하고 마음을 알아주는 일입니다. 아이들은 부모가 왜 훈육하는지 잘 이해하지 못하고, 설사 이해하더라도 신나게 놀고 싶은데 못 하게 된 서운함이 크므로, 아이의 속상한 마음은 충분히 위로받아야 합니다. '엄만 아무것도 모르면서 맨날 못 하게 해.'가 아니라 '엄마는 내가 하고 싶은 걸 못 하게 했지만, 그래도 내 마음은 알아주는구나.'가 되어야 합니다.

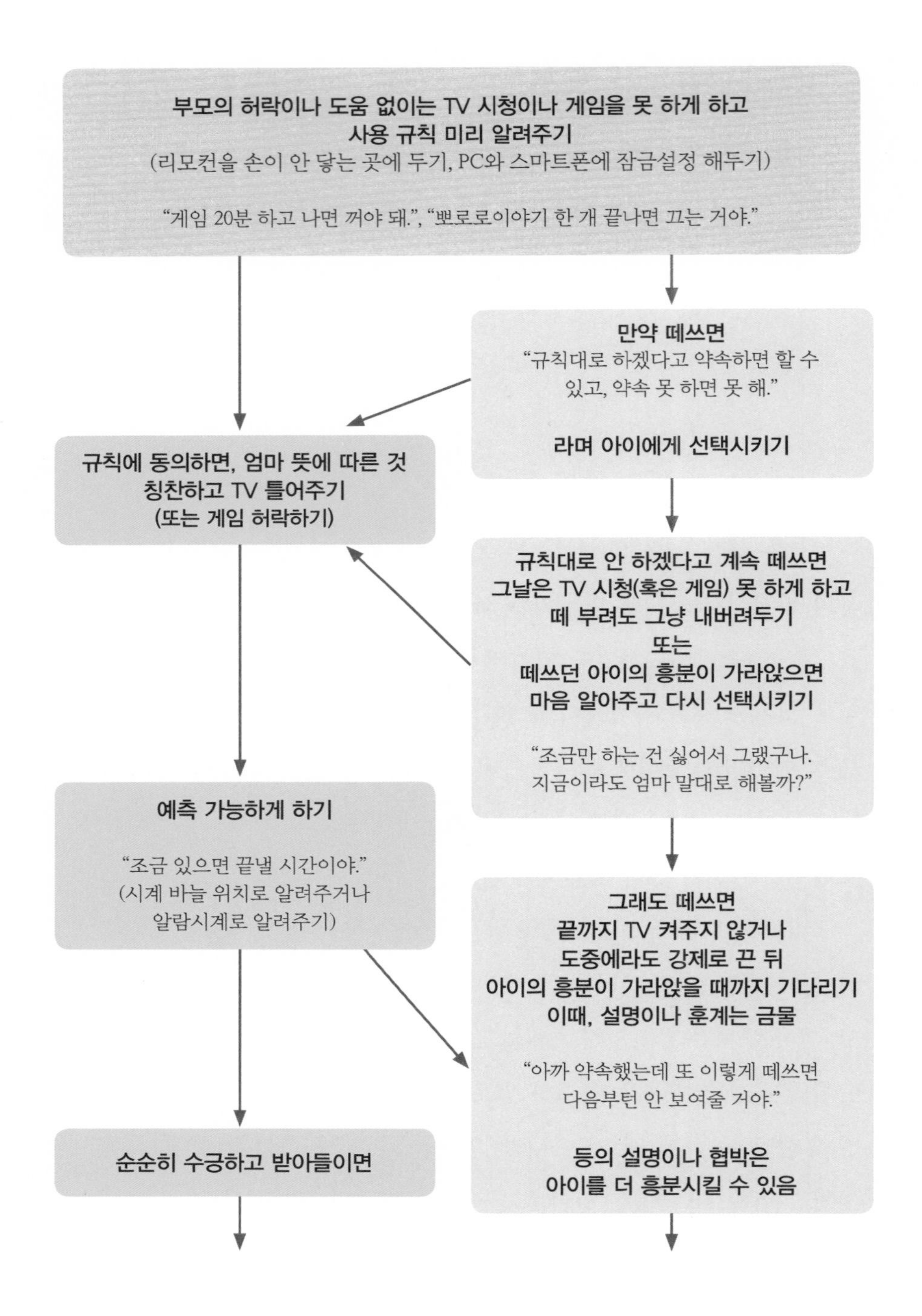
부모의 허락이나 도움 없이는 TV 시청이나 게임을 못 하게 하고
사용 규칙 미리 알려주기
(리모컨을 손이 안 닿는 곳에 두기, PC와 스마트폰에 잠금설정 해두기)
"게임 20분 하고 나면 꺼야 돼.", "뽀로로이야기 한 개 끝나면 끄는 거야."
만약 떼쓰면
"규칙대로 하겠다고 약속하면 할 수 있고, 약속 못 하면 못 해."
라며 아이에게 선택시키기
규칙에 동의하면, 엄마 뜻에 따른 것 칭찬하고 TV 틀어주기
(또는 게임 허락하기)
규칙대로 안 하겠다고 계속 떼쓰면
그날은 TV 시청(혹은 게임) 못 하게 하고
떼 부려도 그냥 내버려두기
또는
떼쓰던 아이의 흥분이 가라앉으면
마음 알아주고 다시 선택시키기
"조금만 하는 건 싫어서 그랬구나. 지금이라도 엄마 말대로 해볼까?"
예측 가능하게 하기
"조금 있으면 끝낼 시간이야."
(시계 바늘 위치로 알려주거나 알람시계로 알려주기)
그래도 떼쓰면
끝까지 TV 켜주지 않거나
도중에라도 강제로 끈 뒤
아이의 흥분이 가라앉을 때까지 기다리기
이때, 설명이나 훈계는 금물
"아까 약속했는데 또 이렇게 떼쓰면 다음부턴 안 보여줄 거야."
등의 설명이나 협박은
아이를 더 흥분시킬 수 있음
순순히 수긍하고 받아들이면

속상한 마음을 인정해주고, 잘 견딘 것에 대해 칭찬하기

"많이 보고 싶었는데, 엄마가 못 보게 해서 기분 안 좋았지?"
"게임 더 하고 싶었지? 그만 하라고 해서 속상했겠다."

하루 시청 시간을 미리 정해두고, 약속한 시간에 끈다.

시청 계획표 만들기

시청 시간을 정할 때, 게임 시간도 고려해서 함께 계획하면 좋다. 스마트폰은 가족 동영상이나 10분 정도의 짧은 영상물만 보여주고, 중독 위험이 있으므로 매일 습관적으로 보지 않게 하고 부득이한 경우에만 보여주는 것을 원칙으로 삼자.

〈○○의 시청 계획표〉

- 하루 1시간 넘지 않게 (TV, 스마트폰 모두 합쳐서)
- 게임하는 날은 20~40분만 보기
- 정해둔 프로 외에는 시청 금지
- 학습/교육용 프로: ○○○
- 좋아하는 만화: ○○○, ○○○
- 아침: TV 20분, 스마트폰 금지
- 오후: TV 20분 또는 스마트폰 10분
- 저녁: TV 20분

약속대로 TV 끄게 할 때

엄마랑 아까 약속 했지? 시계 긴바늘이 6에 가면 그만 보는 거야.

프로그램 시간을 미리 알아 둔 다음에, 방송이 끝날 때쯤 아이가 마음의 준비를 할 수 있게 남은 시간을 알려준다.

자, 이제 시간 다 됐다. ○○가 리모컨으로 끌래? 엄마가 끌까?
내가 할래.

욕구조절능력을 기르고 TV 끄는 것에 대한 저항감을 줄이기 위해, 아이 스스로 끄게 하면 좋다. 리모컨 조작에 흥미를 가진 아이라면 TV에서 리모컨으로 관심을 전환시켜 본다.

부모의 단호함과 인내가 필요한 순간들

▸ TV 보겠다며 고집부릴 때

약속한 시간 지났으니까 끄는 거야. 네가 아무리 울어도 TV는 안 돼.
리모컨
싫어! 으아앙~ 켜줘, 엄마아~

부모가 단호하게 버텨야 떼를 써도 소용없다는 걸 깨닫고 울음을 그치게 된다. 아이가 진정되면 함께 간식을 먹거나 재밌게 놀아주자. 'TV를 꺼도 심심하지 않고 좋은데?'라는 느낌을 반복 경험하게 한다.

▸ 외출해서 떼쓸 때

엄마 검사 끝날 때까진 기다려야 돼. 우리 저기 가서 물고기 구경하자.

스마트폰 꺼내 주고 싶은 마음 굴뚝같음
어어엉~ 엄마한테 갈래~~

다른 사람 눈치도 보이고 방해될까 봐 얼른 스마트폰을 쥐어주면, 아이에게 '떼쓰면 내 맘대로 할 수 있다.'는 생각을 심어줄 위험이 있다. 좀 힘들더라도 단호하게 훈육하거나 다른 쪽으로 관심을 돌리게끔 노력하자.

부모의 꾸준한 노력이 필요한 상황들

▸ 아이가 TV 보고 있을 때

아이 혼자 멍하니 보게 하지 말고 함께 보면서 짧게라도 대화하자. 아이는 자신이 좋아하는 프로를 부모가 함께 보면 더 즐거워한다. 이러한 경험이 언어, 인지 발달에도 도움이 되고, 부모와 교감하는 기회도 된다.

▸ 집안일할 때

좀 번거롭고 힘들더라도 집안일할 때 아이를 동참시키자. 아이 능력과 흥미에 맞는 일감을 조금씩 찾아서 주면, 아이도 엄마를 도우며 뭔가를 할 수 있다는 사실에 즐거워하고, TV 보는 시간도 많이 줄일 수 있다.

▸ 식사할 때

TV를 끄고 다 함께 식사하면서, 하루 동안 보고 느낀 일들을 이야기 나누자. 밥상머리 교육은 가족 안에서 이루어지는 하나의 소중한 의식으로, 아이로 하여금 정서적 안정감, 부모와의 유대감을 느끼게 한다.

이렇게 해보세요

아이의 시청 시간을 제한하기에 앞서 부모가 먼저 모범을 보이는 것이 중요해요. TV 프로를 미리 선택하고 계획해서 보는 모습을 아이에게 보여주세요. 그러면 아이도 약속한 시간에 TV 끄는 일을 자연스럽게 받아들이게 됩니다. 그리고 아이와 함께 있을 때는 폭력적이거나 선정적인 장면이 나오는 프로를 피하는 게 좋아요. 잠자기 전의 영상물 시청은 아이의 숙면을 방해할 수 있으니, 잠자기 1~2시간 전부터는 TV를 보지 않는다는 규칙을 세워 일관되게 실천하시고요.

집에 손님이 오거나 아이가 아프면, 특별히 TV나 스마트폰을 더 많이 보게 허용하곤 하는데, 자꾸 예외를 두면 바른 시청 습관과 자제력을 기르는 데 방해됩니다. 또 TV를 볼 때는 일정 거리를 두고 의자나 소파에 앉아서 보게 해주세요. 아이를 바닥에 앉히면, 화면에 이끌리듯 자꾸 TV 앞으로 가까이 다가가게 되므로, 시력 보호를 위해서라도 고정된 자리에 앉혀야 합니다.

42: 다른 놀이 하자고 해도 게임만 고집할 때

야단치다가 포기하는 엄마

아이가 게임에 빠져들기까지

▸ 3살, 신기한 마우스로 입문식 치르고…

▸ **4살, 한 번 두 번 권유받다 보니…**

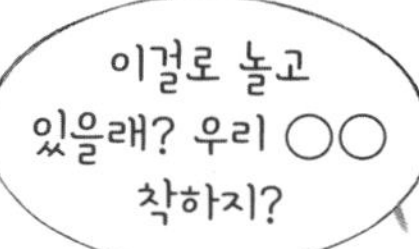

▸ **5살, 점점 함께하게 된 시간들…**

▸ **6살, 이제 너만 있으면 돼…**

이러면 안 돼요_ 인터넷 게임이나 스마트폰 게임은 중독성이 강합니다. "게임할래? 엄마랑 놀래?"라고 물으면 게임을 선택하는 아이가 많지요. 게임에 푹 빠진 아이의 기분을 상하게 하지 않으면서 그만두게 할 방법은 별로 없습니다. 아이가 기분 나빠하며 반항한다고 쉽게 포기하고 물러나서는 안 됩니다. 일단 강제로라도 게임을 그만하게 해놓고, 아이의 흥분이 가라앉은 뒤에 '게임은 더 못 하지만 엄마와의 놀이는 할 수 있다.'고 해야 합니다.

예방이 중요해요

사람은 사회적 동물이기 때문에, 다른 사람들과의 상호작용을 통해 즐거움을 얻고 위로도 받으며 살아가야 합니다. 하지만 어릴 때부터 혼자서 하는 놀이에만 익숙해진 아이들은 청소년이 되거나 성인이 되어서도 사회적 관계를 통해 만족감을 얻을 줄 모르고, 위로받을 줄도 모르게 됩니다. 그래서 스마트폰이나 TV, 인터넷에 과도하게 빠져들 위험이 크지요. 만약 게임 중독인 청소년에게 게임을 못 하게 막으면 어떻게 될까요? 틀림없이 TV나 인터넷에 빠져들고, 그것도 못 보게 하면 만화책이나 판타지 소설 등 어떤 식으로든 혼자만의 놀이 세계로 빠져들 것입니다.

이미 '혼자 놀기'에 익숙해진 아이를 '함께 놀기'로 이끄는 것은 굉장히 힘든 일입니다. 그러나 이런 아이에게 상호작용의 재미를 알게 해주는 것이 TV나 게임 중독을 막는 제일 좋은 예방법이고, 사회성 발달을 위한 필수 코스입니다. 부모들은 아이가 세 돌이 되기 전부터, 혼자 놀기보다는 다른 사람과 함께 놀고 싶어 하는 아이로 키워야 합니다. 혼자서도 잘 노는 아이, 부모에게 놀아달라고 떼쓰지 않는 아이가 마냥 편하다고 좋아하면 안 됩니다. 혼자 놀기 싫어하고, 부모와 함께 놀고 싶어 하는 아이가 친구들과도 잘 어울리는 아이로 성장할 수 있습니다.

알람을 이용해 약속한 시간에 게임을 그만두게 한다.

게임 계획표 만들기

게임을 매일 허락하면 습관화되어 욕구 조절이 힘들어질 수 있으니 일주일에 1~2번 정도로 제한하는 것이 좋다. 게임은 아이 혼자 방에서 하게 두지 말고, 부모의 시야에서 벗어나지 않는 장소에서 하게 한다.

〈○○의 게임 계획표〉

- 수요일과 토/일에만 하기 (주 1~ 2회)
- 게임 시간 10~20분 꼭 지키기
- 반드시 엄마나 아빠 허락받고 시작하기
- 게임하기 전, 알람 설정은 필수
- 허락받은 게임 외에는 금지

약속한 시간이 지났는데도 계속 게임할 때

○○야, 엄마 봐봐. 알람 울리고 있지? 게임 시간 지났네. 이제 꺼야지.
좀만 더 할래~

게임에 몰두해 있을 때는, 가볍게 신체를 접촉해서 부모를 쳐다보게 한 다음에 말을 건다. 시선을 마주친 상태에서 '더 이상 허용할 수 없다.'는 뜻을 분명히 전달해야 한다.

아이 스스로 끄지 않으면 엄마가 끄겠다고 사전 경고한 뒤, 계속 떼쓰면 경고한 대로 실행한다. 아이가 아무리 울고 떼써도 단호한 태도를 유지해야 한다. 힘들지만 이러한 경험을 반복해야 자기조절능력이 길러진다.

잘했어! 약속을
잘 지키는구나. 게임
하면 눈이 아프니까 밖에서
산책하자. 공원 한 바퀴 돌고
나서, '무궁화꽃이 피었
습니다' 하고 놀까?
좋아!

약속을 지키면 많이 칭찬한다. 게임을 끝내도 잔상이 남아 더 하고 싶은 마음이 들기 때문에, 다른 활동으로 분위기를 전환시킨다. 가능하면 엄마 아빠와 눈을 맞추면서 할 수 있는 놀이를 한다.

부모와의 놀이 시간표를 만드세요

게임하는 시간은 부모가 세운 규칙에 따라 조절해주시되, 게임 좋아하는 아이에게 게임 줄이는 것이 힘든 일임을 인정하고, 아이에게 즐거운 활동으로 보상해주세요. 다만 만화영화 보기, 맛있는 것 먹기 등으로 보상하는 것은 좋지 않습니다. 왜냐하면 게임 같은 '혼자 놀기'에 익숙해진 아이를 또 다른 종류의 '혼자 놀기'로 이끄는 것밖에 되지 않으니까요. '혼자 놀기'가 아니라 '다른 사람과 함께 놀기'로 이끌어야 합니다. 게임 시간에 대한 규칙 외에 '부모와의 놀이 시간'도 계획표를 만들어서, 아이와 눈 맞추고 교감하는 시간을 규칙적으로 가지세요. 부모가 아이와 즐겁게 놀아주지 못한다면, 게임이나 TV 과다 몰입 문제는 해결하기 어렵습니다.

이렇게 해보세요

아이가 게임을 많이 한다고 잔소리를 자꾸 하게 되면 부모는 오로지 명령하고 야단치는 존재로 아이에게 각인될 수 있죠. 그러니 아이와 함께 놀고 교감하는 시간을 많이 가져서 '엄마 아빠가 나와 즐거움을 함께 나누는 존재'임을 느끼게 해주세요. 일상생활에서 아이가 잘할 수 있는 일이 많아지게 하는 것도 게임을 줄이는 데 도움이 됩니다. 그리고 아이가 하는 게임은 부모도 같이 해보면서 게임 내용이 어떤 영향을 줄 수 있는지 점검하고, 문제점이 무엇인지도 파악해두는 것이 좋습니다. 그래야 구체적인 이유를 들어 아이를 효과적으로 설득하고 통제할 수 있습니다.

Mom's Tips

▶ **영상물을 보면서 생각하거나 느낀 점을 표현하게 하고 이야기 나누기**
"보고 나니까 어떤 게 생각나? 고래가 보물상자 삼키는 거? 고래 배 속에 보물이 들어있겠구나. 그거 그림 그리면 정말 재밌겠다. 한번 그려볼래?"

▶ **한 달에 2~3번 정도 'TV 안 보는 날'을 정해서 실천하기**
"둘째, 넷째 주 일요일은 우리 가족 TV 안 보는 날로 정할까? 모두 찬성! 좋아, 그럼 일요일에 뭘 하면 좋을까? 어디 놀러 갈 데 한번 찾아보자."

▶ **과도한 영상물 시청이나 게임의 문제점 알려주기**
"눈이 나빠져서 앞이 잘 안 보이고, 앉아있기만 하니까 키 안 크고 뚱뚱해질 수 있어. 어른한테도 안 좋지만, 너처럼 쑥쑥 크는 어린이한테는 아주 안 좋은 거야."

▶ **아이들 여럿이 식사할 때 큰아이가 TV 끄게 하기**
☞ 형제나 이웃 아이들과 같이 식사하는 경우 큰아이에게 TV 끄는 일을 위임하면,

엄마로부터 인정받는 느낌에 으쓱해져, 평소 TV 끄는 걸 싫어했더라도 동생들을 의식해 협조할 수도 있다.
"○○야, 동생들이 밥 열심히 안 먹고 자꾸 TV 보려고 해서 큰일이다. 엄마가 리모컨 줄 테니까 네가 좀 맡아서 TV 끌래?"

▶ 게임 전에는 반드시 허락받게 하기

"게임하는 날은 수요일과 일요일이야. 엄마가 냉장고 달력에 빨간 자석 붙여놓을게. 게임하고 싶을 땐 알람 갖고 와서 맞춰달라고 해. 삐리릭 울리면 바로 게임 끝이야."

▶ 게임 대신 스마트폰으로 그림 그리게 하기

☞ 외출했을 때 스마트폰의 그림 그리기용 앱 사용법을 알려주어 그림을 그리게 하자. 아이가 그린 그림을 보며 이야기도 나눌 수 있어서 좋다.
"이걸로 그림 그리는 거 가르쳐줄게. 펜 색깔을 골라볼까? 어떤 게 맘에 들어?"

추천할 만한 그림책

텔레비전이 고장 났어요! (이수영, 책읽는곰): 리모컨 때문에 몸싸움 벌이다 TV를 망가뜨린 가족이, TV 없이 시간을 보내면서 겪게 된 즐거운 변화를 그려냈다.
텔레비전 더 볼래 (김세실, 시공주니어): TV가 고장 나서 볼 수 없게 된 두더지 두찌가 TV를 건강하고 즐겁게 보는 법을 배워나가는 모습이 그려진다.

Doctor's Q&A

Q 아이가 똑같은 영상물을 수없이 반복해서 봐요. 뭔가 문제 있는 걸까요?

어린아이들은 같은 놀이를 반복하고, 같은 영상을 수없이 보면서 주변의 자극들에 대해 숙달해 갑니다. 그래서 어른들 보기에는 지겨울 정도로 같은 프로그램을 반복해서 보는 경향이 있죠. 보통의 경우라면, 반복해서 본 내용을 여러 가지로 상상해보면서 그림이나 놀이로 확장하여 표현하게 됩니다. 간혹 자폐 성향을 가진 아이들은 지나친 반복과 몰입으로 일상생활이 방해받기도 하죠. 식사, 옷 입기, 양치질, 어린이집 가기 등 아이가 일상적으로 하는 일에 방해가 될 정도로 영상물에 집착한다면 전문가와 상의하는 것이 좋습니다.

Q 아직 어린애인데, 엄마가 보는 성인 드라마를 만화보다 더 좋아해요. 왜 그러는지 궁금하고 걱정되기도 하네요.

자기도 엄마가 하는 것을 따라 해 보고 싶은 마음에 그럴 수도 있고, 어른 드라마를 본다는 것이 주위 어른들의 관심을 끌어서 그 행동이 강화되었을 수도 있어요. 원인이 무엇이건 간에, 어린아이를 연령에 적합하지 않은 매체에 노출시키는 것은 좋지 않습니다. 걱정되신다면 당연히 통제해야 합니다.

Q 큰아이가 보는 TV 프로를 두 돌도 안 된 작은아이가 따라서 봐요. 두 돌 되기 전까진 TV 보여주면 안 좋다는데, 어떻게든 못 보게 말려야 하나요?

큰아이만 보게 하고 둘째에게 "넌 보지 마."라고 할 수는 없지요. 큰아이 때문에 작은아이가 또래 아이들보다 TV를 많이 보게 되는 건 어쩔 수 없습니다. 두 아이 모두 시청 횟수나 시간을 줄일 수 있게 하는 것이 좋습니다.

Q 영어 익히느라 DVD를 많이 보고, 동영상으로 된 동화도 많이 봐서 그런지, 책을 안 읽으려고 해요. 책에 흥미를 갖게 하기엔 이미 늦은 걸까요?

어린아이가 '책 자체가 좋아서' 흥미를 갖게 되는 경우는 드뭅니다. '부모와 함께하는 책 읽기'에 재미를 붙여야 즐거운 활동이 될 수 있지요. 스마트폰이나 태블릿 PC를 통해서가 아닌, 부모와의 책 읽기를 통해 동화를 접하게 하세요. 엄마 아빠와 함께 책을 읽으며 등장인물에 대한 감정이입 훈련이 잘될수록 아이가 책을 점점 더 좋아하고 즐기게 됩니다.

Q 영어 학습을 시키고 있는데, 영상물 교재를 아이가 곧잘 보네요. 너무 많이 보여주면 중독될 수도 있다고 하던데, 어느 선에서 통제해야 할까요?

3~6세 아이들에게 영상물을 이용해서 영어를 가르치는 건 좋은 교육 방법이 아닙니다. 언어는 사람과의 상호작용을 통해서 배워야 합니다. 부모님과 상호작용하면서 영상물을 활용한다면 모르지만, 영상물을 틀어주고 아이 혼자 보게 하는 방식은 금물입니다.

Q PC, 태블릿 PC, 스마트폰으로 영상물을 보여주거나 게임하게 할 때는 어느 정도로 허용해야 할지 혼란스럽네요. 적절한 기준을 세우고 싶은데, 어떻게 해야 할까요?

이러한 매체는 아이에게 노출되지 않을수록 좋습니다. 아이의 뇌 기능 발달을 위해서는 아예 접하지 못하게 하는 것이 가장 좋죠. 특히 6세 미만의 아이들에게 게임 노출은 안 할수록 좋습니다. 마우스, 키보드, 터치패드를 직접 사용하는 아이의 모습을 보면서 기특하다고 칭찬하지 마세요. 어쩔 수 없는 상황에서는 어린이용 애니메이션을 보여주되, 1~2편 이상 연속으로 보여주지는 마시고요. 게임이나 영상물은 정기적으로 시간을 정해서 보여주기보다, 정말 부득이한 경우에만 보여주는 것을 원칙으로 삼는 것이 가장 바람직합니다. 부모와 함께 노는 것보다 게임이나 TV를 더 좋아한다면, 이를 위험 신호로 받아들이고 이용 시간을 더 많이 줄여야 합니다.

젖병 떼기

젖병을 떼고 컵을 사용하는 일이 아이에겐 새로운 시도이기 때문에, 변화를 맞이하기 위한 과정이 반드시 필요합니다. 아이들은 불안할수록 기존의 것을 고집하고, 마음이 편안해지면 본능적으로 새로운 것에 호기심이 생기죠. 아이가 한 돌, 두 돌 지나면서 부모가 식사하는 걸 재미나게 구경하고, 어른 음식을 손으로 만지고 먹어본다면, 젖병을 떼고 어른 식기를 사용할 준비가 되었다는 신호예요. 이때부터는 아이가 식탁에서 부모의 행동을 따라 할 수 있게 기회를 주셔야 합니다. 이유식 때부터 식사 자리에 동참시켜서, 어른들의 먹는 방식, 먹는 도구를 시도해 보고, 익숙해지게 하고, 더 많이 따라 하게끔 해주세요. 혹시라도 컵을 쏟을까 봐 또는 음식을 엎을까 봐, 아이의 탐색과 시도를 막으시면 안 됩니다.

컵 사용을 선호하는 아이들조차, 저녁이나 밤 시간에는 유독 젖병을 고집하는 경우가 있는데요. 잘 시간이 가까워지면 아이들의 불안감이 높아지기 때문에 엄마 느낌이 나는 익숙한 물건을 찾게 됩니다. "젖병 떼기로 해놓고 왜 그래?" 하지 마시고, 차차 단계적으로 자연스럽게 떼도록 도와주세요. 그렇게 하신다면 세 살 넘어서까지 젖병 떼는 문제로 고민하는 일은 없을 겁니다.

43 : 밤마다 젖병 달라고 울며 떼쓸 때

마음이 약해져 자꾸 젖병 주게 되는 엄마

이러면 안 돼요_ 아이에게 안정감을 준다는 이유로, 또는 젖병 없이는 우유도 안 먹고 재우기도 힘들다는 이유로, 엄마들이 젖병 떼는 것을 계속 미루다 아이가 두 돌을 훌쩍 넘기는 경우가 있습니다. 밤중에 자다 깬 아이에게 젖병 물리는 경우도 있고요. 그러나 이렇게 오래도록 젖병 빠는 것이 습관화되면, 충치나 부정교합 유발 등 치아 건강에 악영향을 미칠 수 있습니다. 충치나 부정교합 등이 걱정되어 젖병 떼기를 시도할 때는 '떼쓴다고 다시 젖병 물리는' 일이 없도록 단호하게 훈육해야 합니다.

설명해주고, 단계적인 계획을 세운 뒤, 양보하지 마세요

변화를 받아들이는 것은 아이에게 힘든 과정입니다. 그러니 젖병 떼기에 앞서 (1)아이의 눈높이에 맞게 잘 설명해주세요. 아무리 언어발달이 빠른 서너 살 아이라 해도 말로만 설명하면 충분히 이해하지 못하니, 그림책 등의 시각 자료를 적극 활용하는 것이 좋습니다.

젖병 떼기를 시작할 때는 (2)단계적으로 계획을 세워 실행하세요. 낮 시간의 젖병 사용부터 먼저 끊고, 밤 시간엔 젖병으로 보리차 마시는 것만 허용하는 등, 아이가 받아들이기 쉬운 변화부터 어려운 변화까지 여러 단계로 나누세요. 충분히 설명하고 단계를 나눠 실행하고 있다면 (3)아이가 떼써도 양보하지 마세요. 만약 젖병 떼는 과정을 많이 힘들어한다면, 젖병 사용이 아닌 다른 방식으로 엄마의 사랑을 확인할 수 있게 하세요. 컵을 사용할 수 있는 아이가 과도하게 젖병에 집착하는 것은 아기처럼 엄마에게 보살핌받고 싶어서입니다. 아이의 이러한 애착 욕구는 '젖병 다시 허락하기'가 아닌 '아기처럼 안아주기', '아기 놀이' 등 다른 방법으로 채워줘야 합니다.

아이에게 맞는 방법을 시도하면서 서서히 젖병을 떼게 한다.

식사량 늘리고, 우유량 줄이기

우유 섭취량이 많은 아이라면, 당분간 식사량을 조금씩 늘려 밥으로 포만감을 느끼게 하면서 우유 섭취량을 줄여나간다. 이때 우유에 물을 조금씩 섞어 우유를 맛없게 해보자.

젖병과의 이별식

○○는 아기가 아니고 어린이지? 쭈쭈는 아기만 먹는 거니까 이제 쭈쭈랑 빠이빠이 해야 돼. 쭈쭈를 하나씩 상자에 담자.
빠빠이~

아이가 마음의 준비를 할 수 있게 젖병과 이별하는 날을 예고한다. 약속한 날에는 젖병을 떼야 하는 이유를 설명하고, 젖병을 상자나 봉지에 함께 담아 밖에 내놓는 의식을 치른다.

컵에 우유 주기

우유 먹고 싶을 땐
이제 컵에 먹는 거야.
여기 둘 테니까 먹고
싶을 때 와서 먹어.

우유를 잘 먹던 아이도 젖병을 떼면 우유를 거부하거나 잘 안 먹기도 한다. 젖병 떼기 전부터 컵 사용을 미리 연습시키되, 억지로 먹게 하지는 말고, 아이 손이 닿는 곳에 우유를 두어, 원할 때 스스로 마시게 하자.

우유를 맛있는 간식으로 주기

그렇게 먹으니까
맛있지? 나중에 바나나
우유도 만들어줄게~
콘플레이크

식사량이 충분하다면 우유를 많이 마실 필요는 없지만, 조금이라도 우유를 더 먹이고 싶다면 바나나우유를 만들어주거나 콘플레이크를 우유에 타서 주는 등 맛있는 간식으로 먹을 수 있게 한다.

젖병 두던 자리에 간식 놓기

젖병을 뗀 뒤에는 아이가 한동안 젖병 두던 자리를 찾을 수 있으니, 그 자리에 평소 좋아하는 간식을 놓아 관심을 전환시킨다.

젖병 없이 잠들기

코~ 자자~ 괜찮아.
편안하게 잘 수 있을
거야~

젖병 없이 잠드는 걸 힘들어 하면, 젖병을 찾기 전부터 꼭 안아주고 토닥이면서 재운다. 많이 보채면 빨대컵으로 물을 주고, 우유를 원하면 잠자리가 아닌 다른 곳에서 컵으로 마시게 한다.

이렇게 해보세요

컵(또는 빨대컵)을 처음 사용하는 아이에게는 좋아하는 캐릭터가 그려진, 또는 재미있는 모양의 컵을 주어 흥미를 갖게 하세요. 아직 컵에 익숙하지 않은 아이들은 쏟고 흘리기 일쑤이므로 턱받침을 해주어 옷이 젖지 않게 한 다음, 마음껏 컵을 사용하게 격려합니다.

빨대컵을 처음 사용할 때는 물을 조금 넣은 뒤, 가지고 놀게 하면서 엄마가 직접 빠는 모습을 보여주고, 빨대 입구에 꿀을 발라 입을 대보게 하는 것도 좋습니다. 빨대컵을 구입한 뒤에는 엄마가 먼저 빨아보고, 빨기 힘든 제품은 아닌지 미리 점검하고요.

만약 컵에 우유 먹는 것을 거부하는 아이라면 주스, 요구르트 등 아이가 좋아하는 음료수를 컵에 담아 마시게 하세요. '컵으로 마시는 게 모두 맛있네.'라고 느끼게 한 뒤에 마지막으로 우유를 시도하는 것이 효과적입니다. 아이가 엄마 아빠, 형이나 언니를 한창 모방하는 시기에는 식사시간에 어른 식기를 사용하게 하는 것도 도움 될 수 있습니다.

Mom's Tips

▶ **젖병 떼는 이유 설명하기**

☞ 양치질 관련 그림책에 나와 있는 '썩은 이' 그림이나 인터넷 검색을 통한 '썩은 이' 사진 등 시각자료를 보여주며 설명해보자.

"아기는 이가 없어서 젖병으로 먹는 거야. 하지만 너는 이가 있잖아. 이가 있는 어린이가 젖병 물고 자면 이가 까맣게 썩어서 치과 가야 돼."

▶ **가족 앞에서 선언하게 하기**

☞ 젖병 떼야 하는 이유를 아이가 충분히 납득한 후에는, 가족 앞에서 선언하게 하자. 가족의 격려와 칭찬에 아이 기분도 좋아지고, '젖병은 정말 끊어야 하는구나.' 라는 인식을 심어줄 수 있다 .

아이– "아빠! 나 쭈쭈 안 먹어요! 이제 아기 아니에요!"

아빠– "와, 우리 ○○ 정말 기특한데! 씩씩한 어린이가 됐구나. 참 잘했어!"

▶ **빨대로 놀기**

☞ 빨대에 익숙하지 않은 아이에게는 빨대와 친숙해지는 놀이를 시도하면 좋다.

"빨대를 입에 물고, 그렇지! 후~ 엄마 얼굴에 불어봐. 하하하, 간지러워!"

"빨대 하나 골라서 컵에 넣어보자. 빨강, 파랑 중에서 어떤 게 좋아?"

"우유랑 딸기 시럽을 빨대로 섞으면 어떻게 되나 볼까?"

▶ **젖병 뗀 걸 축하하는 파티 열기**

"오늘 쭈쭈랑 빠이빠이 씩씩하게 잘했으니까 엄마 아빠가 축하해줄게. ○○가 좋아하는 케이크, 짠!"

Doctor's Q&A

Q 동생(아기)이 젖병을 쓰니까, 큰아이 젖병 떼는 게 너무 힘드네요. 그러잖아도 동생을 질투하고 아기 짓도 많이 하는데, 어떻게 해야 할까요?

큰아이가 원하는 건 젖병이 아니라, '동생처럼 사랑받기'입니다. 아기처럼 보살핌받고 싶은 욕구를 충분히 채워주세요. 안아주고 업어주고, 혀 짧은 소리 하는 아기 짓을 충분

히 받아주세요. 욕구가 채워지면 젖병 떼는 것이 덜 힘들어집니다.

Q 젖병에 물 넣어서 빠는 습관은 잘 안 고쳐지네요. 밤낮으로 젖병 없이는 못 잡니다. 젖병 안 주면 집이 떠나갈 듯이 울고 잠을 안 자서 걱정이에요.

다른 음료는 모두 컵으로 마시고 있다면, 젖병 떼기는 이미 완료된 것이나 마찬가지입니다. 다만 고무젖꼭지 빠는 느낌을 통해서 잠들기 전에 마음의 위안을 얻고 싶은 것이죠. (1)고무젖꼭지가 없어도 마음의 위안을 얻을 수 있게 엄마가 안아주고 손을 잡아 재워주시고, (2)울고 보채도 이젠 젖병으로 물 먹을 수 없다는 걸 경험으로 깨닫게 해주세요.

Q 젖병을 떼니까 우유를 너무 안 먹네요. 매일 마시던 우유를 안 먹으니 불안해요. 다시 젖병에 담아서라도 우유 먹이고 싶은 마음이 굴뚝같네요.

젖병을 사용하던 아기 때는 대부분의 영양을 모유나 분유를 통해서 얻었지만, 젖병 떼는 시기부터는 식사를 통해 대부분의 영양을 얻습니다. 그러나 우유를 안 먹는 것이 많이 걱정된다면, 아이가 컵에 익숙해지기 전까지 치즈 등의 다른 유제품을 먹이면 됩니다. 엄마가 마음이 약해져서 다시 젖병을 주는 우유부단함을 보이면, 아이가 혼란스러워하고 불안해합니다. 아이가 큰 문제없이 잘 성장하고 있다면, 조금 더 단호해질 필요가 있습니다.

Q 흔히 젖병 뗄 때, 고무젖꼭지를 아이 앞에서 잘라 젖병과 함께 쓰레기통에 버리라고 하는데, 이런 방법이 아이한테 괜찮은 건지 궁금합니다.

아이가 정붙이고 사용하던 고무젖꼭지를, 꼭 그렇게 험하고 무시무시한 방법으로 버릴 필요가 있을까요? 젖병과의 이별은 아이에겐 아쉽고 서운할 수 있으니, 엄마가 따뜻하게 위로하는 분위기에서 이루어져야 합니다. 아이가 젖병을 떼는 과정에서 엄마에게 필요한 단호함이란, '고무젖꼭지를 과감히 잘라버리는 단호함' 이 아니라 '아이가 울고 보채도 젖병을 주지 않는 단호함'입니다.

손가락 빨기 & 손톱 물어뜯기

어린아이들이 가진 대부분의 습관들은 마음을 가라앉히기 위한 것이 많습니다. 어릴 때 엄마 젖을 빨 때의 편안함을 기억하고, 손가락이나 입술을 빨거나 손톱을 뜯기도 하지요. 마음을 편안하게 가라앉히기 위한 자기 나름의 수단이 습관으로 굳어진 것이기 때문에, 이러한 습관을 고치기 위해서는 마음을 편안하게 할 수 있는 다른 대안이 마련되어야 합니다.

44: 습관적으로 손가락 빨 때

수시로 잔소리하고 야단치는 부모

흔히 나타나기 쉬운 부모의 반응

▸ 잔소리하기
너! 손가락 빨지 말라고 했지!
소~온! 손 빼, 어서!
▸ 강제로 빼며 위협하기
이게 그냥! TV 끈다! 또 빨기만 해봐라!
▸ 감시하기
▸ 붕대 감거나 반창고 붙이기
싫으면 빨지를 말든가! 이젠 안 되겠어. 이거라도 해야지.

▸ 때리고 화내기

이러면 안 돼요_ 많은 엄마들이 아이의 버릇을 어떻게든 고쳐보겠다며, 손을 빠는지 안 빠는지 늘 감시하곤 하죠. 하지만 이런 행동은 아이가 엄마 눈치를 보면서 몰래 빠는 습관을 들이게 할 수도 있습니다. 손에 반창고를 붙이고, 붕대를 감고, 쓴 약을 바르는 것도 일시적인 효과는 있을지 모르나 근본적으로는 버릇을 고치는 데 별다른 도움을 주지 못합니다. 무섭게 야단치고 때리면서 억지로 못 빨게 하면 아이가 불안감을 느끼고 신경이 예민해져서 손가락 빠는 데 더 집착하거나, 손톱 물어뜯기나 입술 빠는 등의 다른 버릇으로 바뀔 수 있습니다.

습관 자체만 보지 말고, 평소의 긴장감을 해소시켜 주세요

손가락 빨기는 대개 돌 지나서 나타나기 시작해 2~3살에 심해지기도 하지만, 보통은 3~4살 지나면서 자연스럽게 사라지는 편입니다. 이 습관이 굳어지지 않게 하려면, 손가락 빠는 습관 자체에만 집중하여 교정하기보다는, 부모와의 관계 개선을 통해 전반적인 아이의 불안감, 긴장감을 낮추는 일이 필요합니다. 행동 교정만을 목적으로 한다면, 손가락 빠는 행동은 고칠 수 있을지 몰라도 다른 종류의 습관이 생겨날 수 있습니다.

편안한 분위기에서 손가락 빠는 행동을 자연스럽게 줄여나간다.

아이 마음 공감해주기

○○야, 손가락 빠니까
편안하고 기분이 좋지?

아이를 안아주면서 손가락 빨 때의 느낌이나 기분이 어떤지 물어보고 충분히 공감해준다. 손가락 빠는 것을 늘 감시하고 잔소리하던 모습에서 벗어나도록 하자.

'엄마도 나와 똑같은 경험을 했던 사람이구나.'라는 동질감을 느끼게 해주자. 그래야 아이가 경계심을 풀고 엄마의 말에 귀를 기울인다.

아이가 손가락 빠는 자신의 모습을 거울로 보게 하거나, 엄마가 손가락 빠는 모습을 아이에게 보임으로써, 손가락 빠는 행동이 다른 사람 눈에 어떻게 비쳐지는지 깨닫게 한다.

손가락 빨면 안 되는 이유 설명하기

아기도 아닌데
엄마가 손가락 빠니까
이상하지? ○○도 이젠
아기가 아니라서 손가락
빨면 이상해.
그래도 빨고
싶어...

손가락을 빨면 안 된다는 사실을 거부감 없이 받아들일 수 있게 엄마의 예를 들어서 부드럽게 설명한다.

네 마음은 이해해.
근데 걱정되는 게 있어.
손가락 빨아서 세균이 몸에
들어가면 아파서 병원 가야 되거든.
윗니가 삐쭉 나와서 얼굴도
미워져. 토끼 앞니 툭 튀어나온 거
봤지? ○○가 그렇게 되면
너무 속상할 거야.

편안한 분위기에서 손가락 빨면 안 되는 이유를 차근차근 이야기하면서, 아이를 사랑하고 염려하는 엄마의 마음을 전달한다.

비밀 신호 정하기

그래그래, 알면서도
참기 힘들지? 자꾸만 손이
입에 들어가고. 엄마도 옛날에
그랬는데, 할머니가
도와주셨어.
할머니가?

습관은 쉽게 고쳐지는 게 아니라는 걸 인정하고 이해해 줌으로써, 아이가 지나치게 부담을 갖거나 죄책감을 느끼지 않게 한다.

비밀 신호를 만들었어.
엄마가 손가락 빨면 할머니가
'뿌잉뿌잉' 하는 거야. 그러면
손가락을 뺐지. 그리고 손가락
빨고 싶다고 이야기하면
꼭 안아주셨어.

일일이 잔소리하지 않고, 기분 나쁘지 않게 손가락 빠는 행동을 멈추게 하는 방법이다. 비밀 신호를 정할 때는 아이가 직접 아이디어를 내게 해도 좋다.

다른 활동으로 관심 돌리기

엄마 설거지하는데
와서 도와줄래? 수저
씻은 거 수건으로 닦아서
통에다 담아줄래?

좋아!

손가락 빠는 행동에 대해서는 무관심한 태도를 보이면서, 다른 활동으로 관심을 전환시키자. 일할 때 아이에게 일감을 주거나, 그림 그리기나 퍼즐 맞추기 등 손으로 하는 놀이를 마련해준다.

잠들 때 손 만져주기

손을 어루만지면서 자장가를 불러주거나 머리카락을 부드럽게 쓸어주는 등 아이가 손가락을 빨지 않고도 편안히 잠들 수 있게 한다.

이렇게 해보세요

아이와 이야기를 할 때도 어깨 감싸 안기, 머리 쓰다듬기, 손잡아주기 등의 스킨십을 의식적으로 많이 해보세요. 긴장을 풀고 마음을 이완시키는 점토 놀이나 밀가루 반죽 놀이도 좋고, 손가락으로 그림 그리기, 손잡고 산책하기, 같이 노래 부르기 등 입과 손을 부지런히 움직이는 놀이도 좋아요. 부모 외에 권위가 있는 어른, 즉 의사나 유치원 교사에게 부탁해서 손가락 빨면 어떤 문제가 생기는지, 다른 사람들 눈에 손가락 빠는 모습이 어떻게 보이는지 아이 수준에 맞게 설명해달라고 협조를 구하는 것도 괜찮습니다.

45: 습관적으로 손톱 물어뜯을 때

소리 지르며 때리는 엄마

이러면 안 돼요_ 좋은 말로 수없이 타이르고 이야기해도 아이의 버릇이 고쳐지지 않으면, 점점 화가 치밀어 올라 소리를 지르게 되고 때리게도 됩니다. 그러나 이러한 행동은 아이와의 관계만 악화시킬 뿐 버릇을 개선하는 데는 전혀 도움 되지 않지요. 또한 부모의 강압적이고 비판적인 태도는 아이로 하여금 죄책감을 불러일으켜, 부모 눈치 보면서 몰래 손톱 물어뜯는 문제로 이어질 수 있습니다.

스킨십을 통해 긴장감을 해소시켜 주세요

손가락 빨기, 손톱 뜯기 등 자신의 신체 감각을 자극해서 '자기 위안 행동'을 하는 아이들은, 일상생활이나 놀이 속에서 '혼자만의 자극'이 아닌, '부모와 상호 교감이 있는 자극'이 필요합니다. 특히 부모와 상호작용하면서 신체 감각을 자극하는 놀이는, 긴장감과 불안감을 해소시켜 자기 위안 행동을 감소시킬 수 있습니다. 함께 거품목욕 하기, 서로 비누칠해주기, 목욕 후 로션 발라주기, 마사지하기 등 부모와 스킨십이 많은 놀이를 해보세요. 쎄쎄쎄, 손가락 씨름, 간지럼 놀이도 좋습니다.

긴장감을 풀어주고, 다른 활동으로 관심을 전환시킨다.

부드럽게 중단시키기

아이의 마음이 어떤 상태인지 살피면서, 마음을 편안히 진정시키고 보듬어주자. 손톱 물어뜯는 행동을 지적하지 말고 아이 손을 조용히 만져서 스스로 손을 빼게 한다.

손톱 자주 관리하기

손톱 자꾸 물어
뜯으면 못생긴 손톱이 돼.

으니까 이렇게 예뻐졌지? 자,

스티커도 붙여보자.

울퉁불퉁해진 손톱 끝이 신경 쓰여서 그 부분을 다시 뜯는 악순환을 막기 위해, 손톱을 자주 깎아 매끈하게 정리해주자. 물어뜯은 손톱과 다듬은 손톱을 비교해서 보여주는 것도 괜찮다.

관심 전환시키기

손톱 물어뜯으면 모른 척 무심하게 대하면서 관심을 다른 활동으로 돌린다. 가위바위보나 공 주고받기 놀이도 좋고, 엄마가 바쁠 땐 블록놀이, 퍼즐 맞추기, 그림 그리기 등 아이 혼자 할 수 있는 놀이를 권하자.

우리 가위바위보 할까?
아니면... 블록놀이?
뭐 하고 놀까?
가위바위보 할래!

이렇게 해보세요

손톱을 너무 자주 물어뜯거나 심하게 물어뜯는 경우엔, 엄마가 손톱깎이를 항상 가지고 다니면서 그때그때 다듬어주거나, 밴드를 작게 잘라 손톱에 감싸주는 방법도 사용할 수 있습니다.

평소 아이를 대하는 태도가 너무 강압적이거나 지나치게 통제적인 것은 아닌지 돌이켜보세요. 아이 마음에 긴장이나 불안, 스트레스가 쌓이면 버릇이 더 심해질 수 있으니, 따뜻하고 편안한 관계를 가질 수 있게 노력해야 합니다. 아이의 행동을 일일이 지적하고 잘잘못을 가리는 데 치우치지 말고, 아이의 감정과 기분에 관심을 가지고 사소한 말 한 마디에도 귀 기울이시고 적극적으로 반응해주세요.

Mom's Tips

▶ **손가락을 의인화하여 놀이하듯 이야기하기**

☞ 사인펜으로 손가락에 눈, 코, 입을 간단히 그린 뒤, 손가락인형 놀이를 하듯 아이가 좋아할 만한 주제로 역할극을 하면서 손가락 빨거나 손톱 물어뜯는 이야기도 자연스럽게 곁들인다.

"잉! 내 얼굴에 침이 잔뜩 묻었잖아. 난 깨끗한 얼굴이 좋단 말이야."

"딱딱한 이가 내 머리를 자꾸 뜯어서 이렇게 울퉁불퉁해졌어. 너무 슬퍼!"

▶ **손 빨지 않고, 손톱 물어뜯지 않을 때 칭찬하기**

"손톱 물어뜯지 않고 그림 그리고 있었구나. 정말 잘했어! 꼭 안아줄게!"

▶ **좋아하는 캐릭터를 활용한 모델링 요법**

☞ 아이가 좋아하는 캐릭터를 모델로, 손가락 빨거나 손톱 물어뜯는 버릇이 왜 문제가 되는지, 어떻게 고쳤는지를 이야기하여, 습관 개선을 위한 동기를 부여한다.

"○○도 손가락을 매일매일 빨았대. 어느 날, 엄청나게 힘이 센 세균이 입으로 들어가서 배 깊은 곳까지 들어갔대. 그다음에 어떤 일이 벌어졌을까?"

▶ **특정 시간에만 손가락 빨도록 허용하기**

☞ 부모의 제재에 스트레스 받은 아이가 숨어서 빠는 경우나 손가락 빠는 횟수를 차차 줄이는 과정에서 일시적으로 활용 가능한 방법이다.

"○○야, 손가락은 밤에 엄마랑 자기 전에 조금만 빨고 자는 거야. 알았지?"

추천할 만한 그림책

손가락을 꼼지락 꼼지락 (엄미랑, 시공주니어): 귀여운 동물들이 차례로 등장하면서 손과 관련된 버릇 때문에 생긴 고민들을 이야기한다. 올바른 습관으로 자연스럽게 이끄는 책.

손톱 깨물기 (고대영, 길벗어린이): 각각 다른 사연으로 손톱을 물어뜯게 된 남매가 엄마의 격려와 관심 속에서 같이 힘을 모아 버릇을 고치는 훈훈한 이야기.

Doctor's Q&A

Q 낮에 손가락 빠는 건 많이 고쳐졌는데 밤에 손가락 빨면서 자는 건 어떻게 해야 될지 모르겠어요. 억지로라도 손을 자꾸 빼야 할까요?

정상 발달 과정에 있는 아이들도, 낮 시간보다는 밤 시간에 불안과 긴장이 더 고조됩니다. 자는 동안 엄마와의 분리가 두렵기 때문이죠. 그래서 손가락 빠는 습관이 호전될 때는, 보통 낮 시간의 습관이 먼저 사라집니다. 낮 시간의 습관이 고쳐지기 시작했다면, 지금까지 해온 방법만으로도 차차 해결될 수 있습니다. 밤에 손가락을 빠는 것은 '엄마의 느낌과 감촉'을 느끼기 위한 대체 수단이기 때문에, 손가락은 빼주되 엄마 손으로 아이를 토닥이고, 자장가를 불러주는 등 다른 방법으로 엄마를 느낄 수 있게 해주세요.

Q 살이 찢어져 피가 날 정도로 손톱을 심하게 물어뜯어요. 손톱 관리를 자주 해주면 좋다고 하는데, 상태가 너무 엉망이라 어떻게 해야 될지 모르겠네요.

이미 상처가 심한 상태라면, 아이의 심리적인 문제보다 상처에 대한 감염 예방이나 치료가 우선입니다. 일단 의사와 상의해서 상처가 아물 때까지는 붕대를 감아두는 의학적

처치를 최우선으로 하세요. 심리적인 접근은 그 후에 하셔도 늦지 않습니다.

Q 시중에 파는 손가락 빨기 방지 약이나 손 빨기 교정기, 손톱 물어뜯기 방지용 매니큐어 등을 사용해도 되나요?

행동 교정에만 초점을 두면, 손가락을 빨거나 손톱 뜯는 습관 자체는 고칠 수 있을지 모르지만, 대신에 다른 습관으로 바뀔 가능성이 높습니다. 아이의 긴장감을 완화할 수 있는 방법을 우선적으로 고려해야 합니다.

Q 손가락을 입에서 강제로 빼면 울고불고 난리가 납니다. 심지어 물건까지 집어던지면서 난폭해져요. 아이의 이런 버릇은 어떻게 고칠 수 있나요?

손가락 빠는 습관을 해결하기에 앞서서, 아이가 자기 감정을 조절하지 못하고 부모의 훈육에 반항하고 공격성을 보이는 문제부터 해결해야 합니다. 자기가 하고 싶은 행동을 부모가 못 하게 했을 때 속상해하는 건 당연하지만, 속상한 마음을 공격적인 방식으로 표현하는 건 3살짜리 아이라 해도 반드시 훈육해야 합니다. 이유가 무엇이건 간에, 그러한 공격적인 행동에 대해서는 타임아웃(벌세우기)을 실행하세요. '화내면 엄마 아빠가 내 말대로 해주는구나.'라는 생각이 들지 않도록 해야 합니다.

코 파기

코 파는 버릇은 심리적인 문제와 연관되어 나타나는 것이 아닙니다. 코가 건조하거나 비염이 있어서 콧속의 불편한 느낌 때문에 생기는 버릇이죠. 그러므로 (1)콧속이 불편해지지 않도록 가습이나 콧속 세척 등으로 미리 예방해주세요. (2)아이가 코 파는 모습을 보이면, 엄마가 직접 콧속을 청소해주세요. (3)코 파는 행동 자체가 나쁜 것은 아니지만, 다른 사람에게 지저분해 보일 수 있으니 청결하게 해결하는 방법을 아이에게 알려주세요.

46: 습관적으로 코를 팔 때

사람들 앞에서 야단치는 아빠

이러면 안 돼요_ 사람들 보는 데서 코 파는 아이를 보면, 화가 나서 야단치는 경우가 있죠. 하지만 남들 앞에서 창피 주고 더러운 녀석이라고 꼬리표를 붙이면, 아이의 자존심에 상처를 입힐 수 있습니다. '너는 ~한 놈', '~한 아이'라고 규정지으면, 아이는 '난 정말 ~한 아이인가 봐.', '아빠(엄마)가 나를 싫어하나 봐.' 등 자신에 대해 부정적인 이미지를 형성하게 됩니다. 그러니 화가 나더라도 창피를 주거나 꼬리표를 붙이는 표현은 의식적으로 삼가야 합니다.

: 콧속이 불편할 때 해결하는 방법을 알려준다.

네 콧구멍에 들어가기 싫어~ 코딱지가 내 얼굴에 들러붙는 건 끔찍해! 코딱지는 몸에서 나온 찌꺼기라 더럽잖아. 날 자꾸 콧구멍에 쑤셔 넣으면 어떻게 되겠어? 돼지 코처럼 되겠지?

하하하~

엄마와 아이 모두 편안하고 여유 있는 시간에, 사인펜으로 집게손가락에 얼굴을 그린 다음, 손가락인형놀이 하듯 '코를 후비면 안 되는 이유'를 재미있게 설명한다.

사람들 보는 데서 코를 후비면 너무 창피해! 지저분하다고 다들 도망갈 거야~ 그러면 난 슬퍼... 흑흑...

사람들 앞에서 코 파는 일은 예의에 어긋나고 창피한 일이라고 알려준다.

코를 후비고 싶으면, 먼저 사람들 안 보는 데로 가. 그리고 휴지로 나를 감싼 다음에 콧구멍에 넣어. 그리고 코딱지를 빼는 거야. 할 수 있겠니?

방이나 화장실 등 사람들 안 보는 곳에서 휴지를 사용해 코 파는 방법을 가르쳐준다.

이렇게 해보세요

코에 분비물이 많아지면 자꾸 코를 파게 되므로, 세수나 샤워할 때마다 코를 풀게 해서 콧속을 깨끗하게 관리해주세요. 잠자기 전에 면봉에 바셀린이나 베이비 오일을 묻혀 콧속에 바르면 분비물 발생이 예방됩니다. 겨울에는 건조해서 콧속이 금방 마르므로 가습기를 틀고, 알레르기나 감기 증세가 있을 때는 병원에서 빨리 치료받게 해서 청결하고 편안한 코 상태를 유지하게 도와주세요.

외출할 때는 항상 휴지를 가지고 다니면서, 코를 파고 싶어 할 때 휴지를 사용하도록 유도하세요. 만약 아이가 사람들 많은 곳에서 손으로 코를 파기 시작하면, 야단치지 말고 사람들이 안 보는 곳으로 이동하여 코에 있는 분비물을 처리하게 합니다.

Mom's Tips

▶ **좋아하는 캐릭터를 활용한 모델링 요법**

☞ 코 파지 말라고 계속 이야기하면 잔소리가 되니, 아이의 좋은 모델이 될 만한 캐릭터를 활용하자. 좋아하는 캐릭터는 코 파고 싶을 때 어떻게 하는지 알려주고, 아이가 따라 하고 싶게 만든다.

"○○가 좋아하는 ○○도 코를 팠는데, 친구들이 놀려서 너무너무 창피했대. 그다음부턴 코도 열심히 풀고, 휴지로 코딱지를 뺐대."

"코 파고 싶을 땐 ○○가 어떻게 했지? 너도 ○○처럼 해볼래?"

▶ **코 파지 않을 때 칭찬하기**

"엄마랑 코도 잘 풀고, 휴지로 잘 닦았지? 진짜 잘했어!"

▶ **코딱지를 먹으면 안 되는 이유 설명하기**

"우리 몸은 필요 없는 찌꺼기를 밖으로 내보내. 똥이나 오줌, 콧물이 바로 그 찌꺼기야. 콧물이 마르면 딱딱한 코딱지가 돼. ○○가 가끔 코딱지를 먹는데, 그게 아무리 재밌어도 먹으면 안 돼. 찌꺼기니까. 똥을 안 먹는 것처럼 코딱지도 먹지 않아."

추천할 만한 그림책

콧구멍을 후비면 (사이토 타카코, 애플비): 코를 파거나 손가락 빠는 등의 나쁜 습관들로 인해 어떤 일이 벌어지는지 상상력 넘치는 기발한 그림으로 표현했다.

콧구멍을 탈출한 코딱지 코지 (허정윤,주니어RHK): '코지'라는 코딱지 캐릭터가 집 안 곳곳에서 겪는 흥미진진한 모험담을 클레이와 실사 기법으로 생생하고 친근감 있게 그려낸 책.

정리정돈 안 하기

어릴 때부터 정리정돈 훈련이 되지 않은 아이에게 '좀 더 크면 알아서 잘하겠지.' 하고 기대하면 안 됩니다. 번거롭고 힘들더라도 어려서부터 훈련시켜야 합니다. 나이에 맞는 수준으로 정리정돈 미션을 제안하고, 아이 스스로 뿌듯함을 느끼게 해주세요. 특히 정리정돈을 처음 시작할 때는, 아이에게 거드는 역할 정도만 맡기는 게 좋습니다.

갓 3살 넘은 아이들은 종류별로 나누어 정리한다는 개념을 쉽게 생각하지 못하므로, 엄마가 아주 구체적인 지침을 줘야 합니다. "○○는 이 바구니에 블록 넣을래? 저 바구니에 로봇 넣을래?" 이런 식으로 어느 정도의 선택권을 주고, 한 가지씩 할 수 있게 도와주세요. 사실 이런 과정이 엄마 혼자 정리하는 것보다 더 귀찮고 힘들 수도 있어요. 그러나 '내가 그냥 빨리 정리하고 말지.' 하는 생각으로 아이를 자꾸 제외시키면, 아이는 정리정돈에서 점점 더 멀어집니다.

47: 장난감 잔뜩 어질러놓고 딴짓할 때

정리하라고 잔소리하는 엄마

이러면 안 돼요_ TV 보기 전에 장난감 정리를 시키기로 했다면, 아이에게 "정리하고 TV 볼래? 정리 안 하고 TV도 안 볼래?"라고 선택시킨 뒤, 아이가 약속대로 실행하는지 확인했어야 합니다. 만약 정리 안 하고 TV 보는 모습을 발견했다면, 중간에라도 TV 보기를 중단시킨 뒤 "지금 정리 안 하면 더 못 본다."라고 단호하게 제지해야 합니다. 정리하라고 말은 하면서 매번 엄마가 대신 정리한다면, '조금만 더 버티면 엄마가 알아서 치우겠지.'라는 생각으로 아이가 엄마 말을 건성으로 흘려듣게 됩니다.

자기 행동에 책임지게 하세요

정리정돈은, 아무리 재미있게 놀이하듯 한다고 해도 귀찮은 일임에 틀림없지요. 그러니 아이들에게 정리정돈을 시킬 때는, 좋아하는 활동(예: TV 시청)과 연계하여 자신의 행동을 스스로 선택하고 책임지게 하는 방법이 좋습니다.

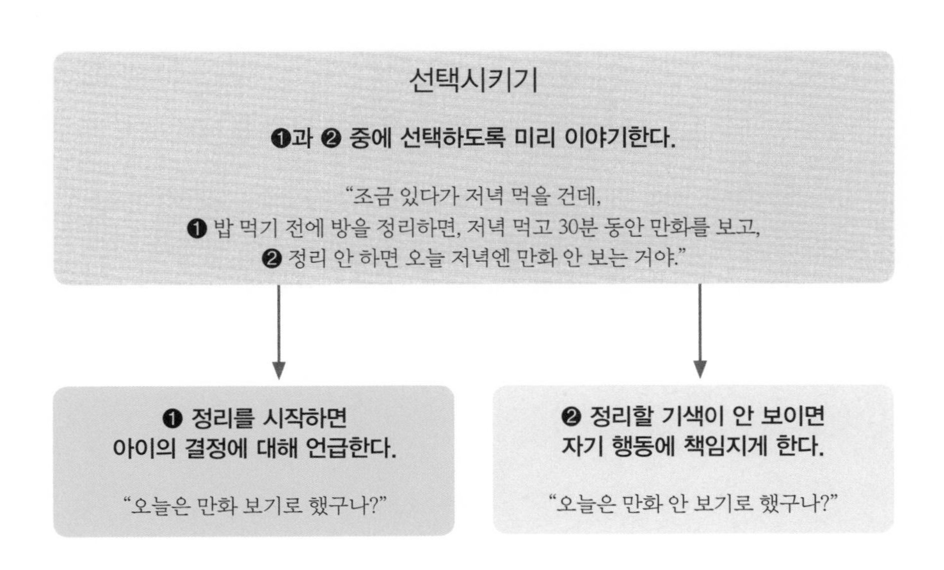

선택시키기
❶과 ❷ 중에 선택하도록 미리 이야기한다.
"조금 있다가 저녁 먹을 건데,
❶ 밥 먹기 전에 방을 정리하면, 저녁 먹고 30분 동안 만화를 보고,
❷ 정리 안 하면 오늘 저녁엔 만화 안 보는 거야."
❶ 정리를 시작하면
아이의 결정에 대해 언급한다.
"오늘은 만화 보기로 했구나?"
❷ 정리할 기색이 안 보이면
자기 행동에 책임지게 한다.
"오늘은 만화 안 보기로 했구나?"

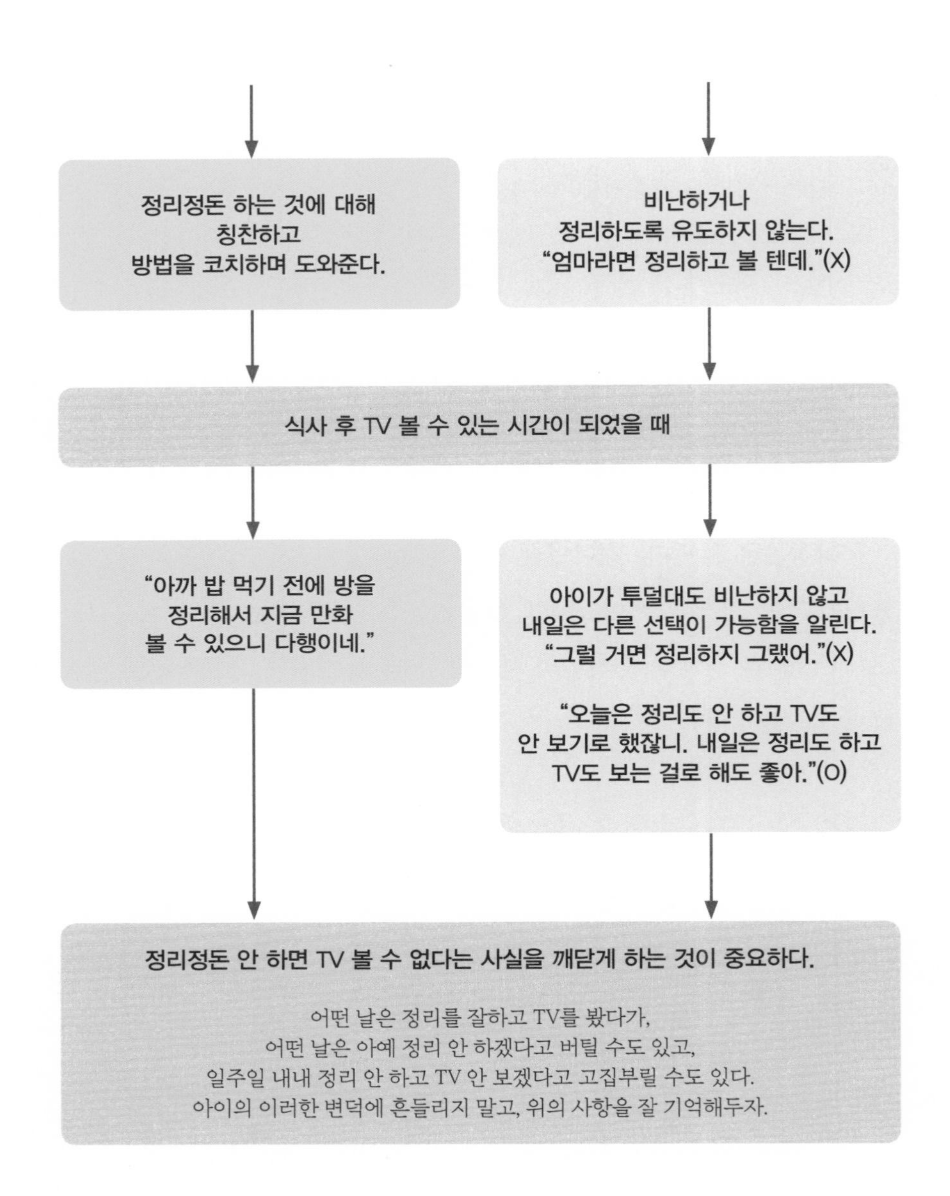
정리정돈 하는 것에 대해
칭찬하고
방법을 코치하며 도와준다.
비난하거나
정리하도록 유도하지 않는다.
"엄마라면 정리하고 볼 텐데."(X)
식사 후 TV 볼 수 있는 시간이 되었을 때
"아까 밥 먹기 전에 방을
정리해서 지금 만화
볼 수 있으니 다행이네."
아이가 투덜대도 비난하지 않고
내일은 다른 선택이 가능함을 알린다.
"그럴 거면 정리하지 그랬어."(X)
"오늘은 정리도 안 하고 TV도
안 보기로 했잖니. 내일은 정리도 하고
TV도 보는 걸로 해도 좋아."(O)
정리정돈 안 하면 TV 볼 수 없다는 사실을 깨닫게 하는 것이 중요하다.
어떤 날은 정리를 잘하고 TV를 봤다가,
어떤 날은 아예 정리 안 하겠다고 버틸 수도 있고,
일주일 내내 정리 안 하고 TV 안 보겠다고 고집부릴 수도 있다.
아이의 이러한 변덕에 흔들리지 말고, 위의 사항을 잘 기억해두자.

정리하는 분위기 만들기

▸ 3~4세

오늘 많이 놀아서 이제 쉬고 싶어. 집에 좀 데려다줄래? 우리 내일 만나서 또 재미있게 놀자!
응. 알았어.

놀이하듯 정리를 시작하자. 정리할 때마다 일정한 음악을 틀어주면, 자연스럽게 정리하는 분위기를 만들 수 있다. 엄마가 노래를 부르면서 재미있게 정리를 시작해도 좋다.

▸ 5~6세

다 놀았으면 방 깨끗이 치우고 나서 우리 책 읽자. 뭐부터 정리할까? ○○는 엄마가 뭘 치우면 좋겠어?
음, 엄마가 블록 치우고, 난... 자동차랑 로봇.

엄마가 먼저 정리하는 분위기를 만들되, 정리를 시작할 때는 아이가 주도할 수 있게 하자. 정리가 끝난 뒤에 무엇을 할 건지 구체적인 목표를 제시하면 좋다.

아이 수준에 맞는 정리 작업

▸ 1단계: 큰 바구니에 장난감 쓸어 담기 (3~4세)

'치우기 놀이'해 보자~ 이렇게 담아서 바구니에 쏙! ○○도 같이 할까?
응. 나도~

엄마가 즐겁게 정리하는 모습을 보이면 아이도 흥미를 느끼고 동참하게 된다. 아이가 정리하는 모습이 어설프고 답답하더라도 느긋한 마음으로 지켜보자. 아이와 함께 정리할 때는 완벽함을 추구해선 안 된다.

▸ 2단계: 장난감 간단히 분류하여 상자에 담기 (3~4세)

인형이 그려진 상자에는 인형을 넣고, 냄비나 그릇은 요리 상자에 넣자.
내가 할래!
요리
인형

자주 사용하는 장난감을 2~3가지로 간단히 분류해서 상자에 담는다. 뚜껑이 있거나 속이 깊은 상자는 아이 손으로 장난감을 꺼낼 때 불편하므로, 적당한 깊이의 상자를 뚜껑 없이 사용한다.

▸ 3단계: 종류별로 장난감 담기 & 책 꽂기 (5~6세)

아이가 물건을 분류하여 정리하게 하고, 자주 사용하는 문구류나 인형, 책 등은 아이 손이 쉽게 닿는 곳에 진열한다. 정리 작업으로 물건 찾기가 훨씬 수월해진다는 사실을 깨닫게 하자.

정리가 끝난 뒤

정리를 마치면 성취감을 느낄 수 있게 격려하고, 함께 간식 먹거나 책을 읽는 등 즐거운 분위기를 만들자. 그래야 '조금 귀찮지만 정리하고 나면 즐거운 시간을 보낼 수 있네.'라는 기대를 가지게 된다.

이렇게 해보세요

장난감이 너무 많으면 어지르기 쉽고 정리하긴 어렵죠. 어차피 아이들이 가지고 노는 장난감은 한정되어 있으니 아이 손이 닿는 곳에 일정량만 꺼내놓고, 나머지는 수납함에 보관했다가 1~2달마다 바꾸어 꺼내놓는 게 좋아요. 한동안 안 보이던 장난감이 나오면 마치 새 장난감이 생긴 것처럼 아이가 호기심을 보일 거예요. 각 장난감의 위치는 되도록 자주 바꾸지 말고 일정한 곳에 두어, 아이가 쉽게 찾을 수 있도록 해주세요.

3~4세 아이들은 책장에 책 꽂는 걸 어려워할 수 있어요. 그러니 흩어진 책들을 한곳에 모아두게만 했다가 나중에 부모가 책장에 꽂는 것이 좋지요. 5~6세 아이들은 손이 닿는 높이의 책장에 스스로 책을 꽂을 수 있게 가르치면 됩니다.

아이가 한창 놀고 있을 때는 정리를 시키지 마세요. 놀이의 흐름을 방해하면서까지 정리정돈을 시키는 것은 좋지 않아요. 정리를 시작할 때는 부모가 아이에게 지시하듯 하지 마시고, 아이에게 주도권이 있는 것처럼 분위기를 만들어주세요. 어떻게 정리할까 물어보면서 아이의 결정에 따라가듯 정리해야 거부감 없이 즐겁게 정리할 수 있습니다.

일주일에 하루 정도는 정리하지 않고 장난감을 마음껏 어지르는 날이 있는 것도 괜찮아요. 또는 아이가 정리하지 않아도 되는 특별한 공간을 마련해주는 것도 좋고요.

Mom's Tips

▶ **좋아하는 캐릭터 스티커로 상자 꾸미기**

"맘에 드는 스티커를 인형 상자에 붙여볼래? 이 상자는 이제 ○○ 거야. 앞으로는 놀고 나서 인형을 여기에 잘 넣어두자."

▶ **정리하는 방법을 구체적으로 알려주기**

"인형은 노란 바구니에 담고, 블록은 파란 바구니에 담자."

▶ **정리하는 모습을 사진 찍어주기**

"여기 잠깐 보세요. 찰칵! 나중에 아빠 오시면 ○○가 정리를 얼마나 잘했는지 보여드리자."

▶ **정리를 한 가지라도 끝내면 칭찬하기**

"우와~ 이렇게 많은 색연필을 혼자서 다 정리했어? 아까는 바닥에 색연필이 엄청 많았는데 지금은 하나도 없네. 정말 깨끗해졌다! 멋진데!"

추천할 만한 그림책

정리하기 싫어 (이다영, 시공주니어): 어질러진 방에서 물건 찾느라 애 먹는 여우 이야기. 정리의 필요성을 깨닫게 하는 책.

집 안 치우기 (고대영, 길벗어린이): 정리 안 하겠다고 고집부리다가 엄마에게 야단맞고 집을 나간 아이의 이야기가 익살스런 그림과 어우러져 재미있게 읽힌다.

레아의 엉망진창방 정리정돈하기 (크리스티네 메르츠, 창조문화): 주인공 여자 아이가 친구와 함께 이웃 할머니 집에 놀러 갔다가, 깔끔한 할머니 집과 어질러진 자신의 방을 비교하면서 정리정돈이 왜 필요한지, 어떤 방법으로 정리하면 좋은지를 알아 나가는 이야기.

Doctor's Q&A

Q 정리 상자도 마련하고, 격려도 많이 하는데 정리하는 습관이 안 드네요. 이럴 땐 아이 앞에서 장난감을 과감하게 버리는 강력 요법이라도 써야 할까요?

아이를 훈육하고 좋은 습관을 길러주기 위해서는 적당한 수준의 '당근과 채찍'이 필요합니다. 하지만 '화끈하게 한번 제대로 혼내면 아이가 깨닫겠지.' 하고 충격을 주는 방법은 아이를 속상하게 만들 뿐이죠. 엄마는 아흔아홉 번 참다가 한 번 혼내는 거지만, 아이는 '평소엔 아무 말 없더니 왜 갑자기 화내지?'라고 받아들일 수 있습니다. "정리 안 하면 (네가 좋아하는) 로봇 장난감은 하루 동안 못 가지고 놀아." 정도의 가벼운 벌을 반복해서 경험하는 것이 더 좋은 방법입니다. 아이들은 수없이 반복되는 경험을 통해서 성장합니다. 충격 요법은 가급적 사용하지 마세요.

거짓말

3~4세 아이들은 금방 탄로 날 거짓말을 하는 경우가 있는데, 이것은 엄연히 말하면 '거짓말'은 아닙니다. 거짓말은 사실이 아닌 것을 사실처럼 꾸며서 하는 말로, 아직까지는 아이가 현실과 상상을 명확히 구별하지 못해서 그럽니다. 부모는 거짓말이라고 생각했는데, 알고 보면 단순히 아이의 상상이나 바람일 수 있습니다. 이런 경우에는, 아이가 거짓말쟁이라도 될까 염려해서 엄격하고 무섭게 훈육할 필요는 없습니다. 아이가 어떤 상상을 하고, 어떤 걸 바라는지 그냥 이해해주는 것만으로 충분하죠.

그렇다고 아이가 거짓말을 할 줄 모르는 건 아닙니다. 세 돌이 넘으면 '내 관점과 다른 사람의 관점이 다를 수 있다.'는 것을 이해하는 능력이 생기면서 '진짜 거짓말'도 할 수 있게 됩니다. 하지만 아직은 '거짓말은 나쁜 짓'이라는 걸 알 정도의 인지적, 도덕적 발달이 되어 있지 않습니다. 그러므로 이때의 훈육은, 아이가 거짓말을 통해 이득을 얻지 못하게 하는 정도로 충분하며, 거짓말 자체에 대해서 벌주는 것은 초등학생 때부터 시작해도 늦지 않습니다.

48: 아이가 거짓말을 할 때

지나치게 과민 반응을 보이는 엄마

바라고 원하는 것을 부풀려서 말할 때 – 심문하듯 꼬치꼬치 따지는 엄마

관심받고 싶어서 거짓말할 때 – 의심하고 협박하는 엄마

회사 갔다 올게.
할머니랑 잘 놀고 있어.

엄마~
나 배 아파~

또야? 저번에도
그러더니. 너 방금까지
잘 놀았잖아. 거짓말하면
혼나. 진짜 아프면 할머니
한테 이야기해. 엄만
나가니까.

놀고 싶어서 거짓말할 때 – 거짓말쟁이라고 낙인찍고 벌주는 엄마

너 학습지 다
풀었어? 다 풀고 TV
보라고 했잖아.
응. 했어.

거짓말쟁이. 너 이게
푼 거야? 툭하면 거짓말이나
하고. 어서 손들어!
잠시 후
흑흑…

훈육 태도를 되돌아보세요

아이가 지나치게 자주 거짓말을 한다면, 훈육을 고려하기에 앞서서 평상시 아이를 대하는 태도부터 되돌아보아야 합니다. 부모에게 무섭게 혼난 경험이 많은 아이일수록 '혼나고 싶지 않은 마음'에 사소한 일에도 거짓말을 더 자주 합니다. 뻔히 들통 날 이야기이기에, 부모 입장에서는 '거짓말하면 더 크게 혼날 텐데, 왜 거짓말을 하는지' 이해하기 힘드실 겁니다. 하지만 무섭게 혼나본 아이들은 '지금 당장 혼날지도 모른다.'는 두려움에 자기도 모르게 거짓말을 하게 되죠. 그래서 거짓말을 하면 → 무섭게 혼나고 → 무섭게 혼날수록 더 많이 긴장하고 → 긴장하니까 더 자주 거짓말을 하는 악순환에 빠집니다. 아이가 거짓말쟁이가 될까 봐

단단히 버릇 잡는다고 무섭게 혼내면 혼낼수록, 악순환의 고리에서 벗어나기 더 힘들어집니다. 악순환의 고리를 끊기 위해서는 '무서운 훈육'을 하지 말아야 합니다.

어떤 부모는 아이의 말이 뻔히 거짓말인 줄 알면서도 진실을 말할 기회를 주기 위해서라며, 사실을 알고 있다는 걸 숨긴 채 "정말이니? 솔직하게 말해봐."라고 추궁하기도 합니다. 이럴 때 아이는 부모가 사실을 모른다고 생각하고, 거짓말하고 싶은 유혹에 쉽게 빠지죠. 아이는 '엄마가 사실을 아나? 모르나?' 눈치를 보고, 엄마는 '이 녀석이 언제까지 거짓말을 하나?' 마음속으로 괘씸해하면서 취조하듯 유도신문 합니다. 그러다 화가 폭발하면 아이를 심하게 야단치기도 하고요.

거짓말이 잦은 아이일수록, 거짓말할 여지를 최소화시켜야 합니다. "오늘 유치원에서 무슨 일 있었니? 사실대로 말하렴." 하지 마시고, "조금 전에 유치원 선생님에게 전화받았는데, 이런저런 일이 있었구나."라고 하면서 엄마가 이미 알고 있다는 것을 처음부터 알려주세요. 그리고 아이에게 학습지나 심부름 등 뭔가를 하도록 시켰다면, 아이가 정말 행동에 옮겼는지 말로만 물어보지 말고 직접 눈으로 확인하는 것이 좋습니다.

바라고 원하는 것을 부풀려서 말할 때 – 과도한 관심을 보이지 않는다

엄마! 나 오늘 사탕 10개 받았다~ 선생님이 나만 주셨어.
으응. 그랬니? 좋았겠네.

아이는 자신이 원하는 바를 꾸며내거나 부풀려서 말할 때가 있는데, 이럴 때 부모는 '그랬구나.','그렇게 되었으면 했구나.' 등으로 아이의 욕구를 간단히 인정해 주는 대답만 하고, 과도한 반응을 보이지 않는다.

관심받고 싶어서 거짓말할 때 – 마음을 알아주고, 수준에 맞게 가르친다

어디 보자. 살살 만져줄게. 혹시 엄마랑 같이 있고 싶어서 배 아프다고 했니?
으응...

마음을 읽어주면서 아이 말의 진위를 확인하자. 아이가 한 말이 거짓이라면, 그 사실을 엄마가 알고 있다고 부드럽게 알려준다.

그럴 땐 엄마랑 같이 있고 싶다고 말하면 돼. 엄마가 나중에 돌아와서 많이 안아주고 같이 놀아줄게. 알았지?

아직 거짓말에 대한 개념이 없는 아이에게는 '다음부터는 거짓말하면 안 돼.'라고 하지 말고, 자신이 원하는 것을 말로 표현하게 가르친다.

놀고 싶어서 거짓말할 때 – 차분하게 생각하고 대답하게 한다

엄마가 보니까 학습지 다 안 풀었네. TV 보느라 정신없어서 풀었다고 했구나? 다음부터는 생각을 잘 해보고 대답하자. 알았니? 자, 학습지 먼저 풀자.
응. 알았어.

아이에게 시킨 일을 직접 확인도 하지 않고 말로만 확인해 버릇하면, 아이가 건성으로 대답하게 만들 수 있다. 거짓말이 잦은 아이라면 항상 엄마가 직접 확인해서, 거짓말할 기회 자체를 주지 않는 게 좋다.

혼나지 않으려고 거짓말할 때 – 마음을 먼저 알아주면서 부드럽게 타이른다

다친 데는 없니? 많이 놀랐지. 어떡하다 화분이 쏟아졌어?
내가 안 그랬어.

아이가 실수했을 때 화내거나 다그치지 말고, 침착한 태도로 아이의 상태를 살피면서 무슨 일이 일어난 것인지 조용조용 물어본다.

혼날까 봐 그렇게 말했구나. 엄만 화내지 않아. 실수로 화분 쏟을 수도 있지. 하지만 네가 한 일을 안 했다고 말하는 건 좋지 않아. 엄마는 ○○가 솔직하게 말해 주면 좋겠어.

내가... 저기 올라 갔는데... 화분이 넘어졌어.
그래. 솔직하게 말해주니 좋구나. 자, 그럼 흙을 다시 화분에 담아볼까?

부모가 '정직함, 솔직함'을 중요하게 생각한다는 사실을 알려주자. 아이가 어려서 한 번에 알아듣진 못하겠지만, 이런 일이 생길 때마다 일관된 태도를 취한다면 자연스럽게 배워나갈 것이다.

이렇게 해보세요

아이에겐 거짓말을 못 하게 하면서 정작 부모가 아이 앞에서 거짓말하는 모습을 보일 때가 있죠. 놀이공원이나 식당에서 아이 나이를 속여서 말하거나, 주사 안 맞을 거라고 거짓말해서 아이를 병원에 데려가는 등 무심코 거짓말하게 되는 순간이 있을 겁니다. 또한 아이에게 지키지 못할 약속을 하거나, 아이가 어려서 금방 잊겠거니 생각하고 쉽게 약속해버리는 일도 있고요. 평소에 부모의 작은 행동 하나하나가 아이에게 영향을 미칠 수 있다는 것을 염두에 두셔야 합니다.

Mom's Tips

▶ **거짓말을 하게 된 아이의 속마음 읽어주기**

"아빠가 야단칠까 봐 무서워서 말하기 힘들었구나."
"엄마한테 안기고 싶어서 아프다고 했구나. 동생을 안아주는 게 속상했니?"

▶ **솔직하게 말해도 된다고 안심시키기**

"○○야, '내가 그랬어요.'라고 말하면 돼. 아빤 널 혼내지 않아."
"누구나 잘못할 때가 있단다. 그럴 땐 '내가 잘못했어. 미안해.'라고 하면 돼."

▶ **거짓말하게 된 경우, 어떻게 해야 하는지 알려주기**

"혼나기 싫고 무서워서 거짓말할 수 있어. 엄마도 어렸을 때 그랬거든. 그럴 땐 '무서워서 그랬어요. 잘못했어요.'라고 해봐. 그럼, 엄마가 널 안아주고 용서할 거야. 하지만 계속 거짓말하면 슬퍼. 거짓말은 나쁜 거니까."

▶ **정직하게 이야기했을 때 칭찬하기**

"말하기 힘들었을 텐데 용기 내서 말해줬구나. 솔직하게 말해서 정말 기뻐."

추천할 만한 그림책

거짓말 대장 (대런 파렐, 책과콩나무): 괴짜 양 '덩'이 친구에게 무심코 거짓말했다가 걷잡을 수 없는 상황에 빠진다. 기발한 설정으로 재미와 교훈을 동시에 주는 책.
내가 안 그랬어 (김영미, 시공주니어): 잘못이나 실수를 동생 탓으로 돌리며 거짓말한 뒤에 불편해진 마음과, 잘못을 솔직하게 털어놓고 홀가분해진 마음을 잘 표현한 그림책.
진짜야, 내가 안 그랬어 (로렌 차일드, 국민서관): 오빠의 공작물을 실수로 망가뜨린 동생 롤라가 겪는 마음의 갈등과, 정직하게 잘못을 인정하는 용기를 훈훈하게 그려냈다.
거짓말 (고대영, 길벗어린이): 우리의 일상이 그대로 묻어나는 친근한 배경 속에서 주인 없는 돈을 주운 병관이의 지극히 아이다운 행동과 심리를 유쾌하게 풀어낸 책.

Doctor's Q&A

Q 아이가 종종 터무니없는 일을 상상해서 진짜인 것처럼 말해요. 웃어주니까 재미있는지 갈수록 더하네요. 야단치기도 그렇고, 이럴 땐 어떤 말을 해줘야 할까요?

상상에서 나오는 이야기를 가지고 야단치는 것도 좋지 않지만, 상상한 이야기를 실제로 벌어진 일처럼 말하는 걸 강화시키는 것도 좋지 않습니다. 아이가 그런 이야기를 할 때, 웃고 칭찬해주지 마세요. 6~7세까지도 계속 그런다면, "다른 사람들이 이상하게 생각할 수 있어."라고 알려주셔야 합니다.

부록

훈육은 어떻게 하나요?

훈육(벌세우기) - 타임아웃

일정 시간, 일정 장소에 서있게 또는 앉아있게 하는 것을 '타임아웃'이라고 합니다. 일종의 벌이죠. 체벌도 아니고, 부모가 소리를 지르는 것도 아닌, 비교적 우아한 벌주기입니다. 이게 무슨 효과가 있냐고 반문할 수도 있는데, 타임아웃은 다음과 같은 두 가지 효과가 있습니다.

① 패널티(벌칙) 효과

안 좋은 행동을 한 것에 대한 합당한 대가를 치르는 것입니다. 벌서는 동안은, 하고 싶은 행동을 마음대로 못 하게 하는 정도의 소극적인 벌이죠. 별로 힘든 일은 아니지만, 하고 싶은 행동을 일정 시간 동안이나마 못 하게 되는 것은 아이들에게 충분한 패널티가 됩니다.

② 감정 가라앉히는 효과

벌받을 상황에선 부모나 아이 모두 감정적으로 흥분되어 있습니다. 흥분한 동안에는 부모가 어떤 이야기를 해도 귀에 들어오지 않고, 부모 역시 제대로 된 훈육 메시지를 전달하기 어렵죠. 서로 흥분을 가라앉힐 수 있는 시간을 보내고, 아이가 훈육 메시지를 받아들일 준비가 되었을 때 차분한 대화의 시간을 갖는 것이 좋습니다.

타임아웃 제대로 실천하는 법

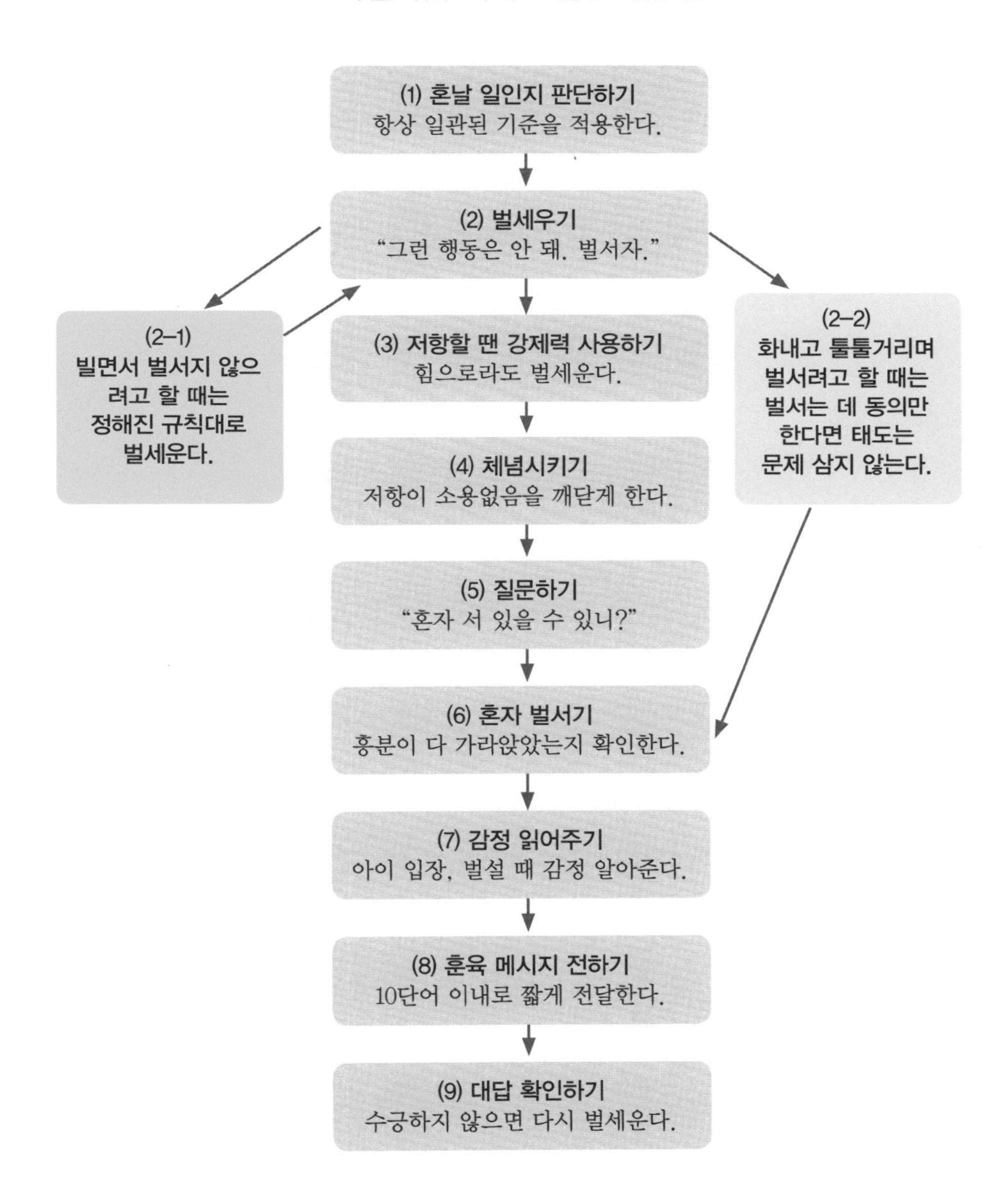

(1) 혼날 일인지 판단하기
항상 일관된 기준을 적용한다.
(2) 벌세우기
"그런 행동은 안 돼. 벌서자."
(2-1)
빌면서 벌서지 않으려고 할 때는 정해진 규칙대로 벌세운다.
(2-2)
화내고 툴툴거리며 벌서려고 할 때는 벌서는 데 동의만 한다면 태도는 문제 삼지 않는다.
(3) 저항할 땐 강제력 사용하기
힘으로라도 벌세운다.
(4) 체념시키기
저항이 소용없음을 깨닫게 한다.
(5) 질문하기
"혼자 서 있을 수 있니?"
(6) 혼자 벌서기
흥분이 다 가라앉았는지 확인한다.
(7) 감정 읽어주기
아이 입장, 벌설 때 감정 알아준다.
(8) 훈육 메시지 전하기
10단어 이내로 짧게 전달한다.
(9) 대답 확인하기
수긍하지 않으면 다시 벌세운다.

(1) 혼날 일인지 판단하기

어떤 일이 혼날 일인지 아닌지는 그 집안의 가치관과 문화에 따라 기준이 다를 수 있지요. 혼날 일인지 아닌지를 판단할 때는 되도록 일관된 기준을 적용하는 것이 좋아요. 그리고 아이가 폭력을 사용하는 것은 사회 통념상으로도 용납할 수 없는 일이므로, 적어도 폭력을 사용했을 땐 벌서게 하는 것이 좋습니다. 화가 난다고 가족을 때리거나 사람 있는 쪽으로 장난감을 던지는 행동 등이 해당되겠지요.

(2) 벌세우기

벌을 세우기까지 대개는 이전부터 '그런 행동은 하면 안 된다.'라는 내용을 여러 번 아이에게 말했을 겁니다. 그런 행동이 나오면 이유 불문하고 일단 벌을 세우세요. 폭력이나 침 뱉기 등은 허용해선 안 되는 행동들이니까요.

벌세우는 장소도 중요합니다. 벌세우는 장소는,

①아이에게 재미없는 장소이면서 ②엄마 아빠가 보이는 장소여야 합니다. 벌서는 장소에서 장난감을 가지고 놀 수 있거나 TV를 볼 수 있다면, 타임아웃의 목적이 달성되지 않겠죠. 또, 아무도 없는 방 안이나 컴컴한 화장실에 가두는 방식의 타임아웃은 공포심을 일으켜 아이에게 트라우마(정신적 외상)가 생길 수 있으니 주의하세요. 벌세우는 방식은, 정해진 특정 장소에 서있거나 앉아있게만 하면 됩니다.

(2-1) 빌면서 벌서지 않으려고 할 때

어떤 경우에는 폭력을 쓰는 등 잘못을 하고도 타임아웃이 싫어서 "잘못했어요. 다시는 안 그럴게요." 하며 벌서기를 극구 거부하는 아이들이 있습니다. '아, 내가 잘못은 해도 그냥 말로 잘못했다고 하고 끝까지 버티면 안 혼날 수 있구나.' 하는 걸 경험으로 배우지 않도록 해야 합니다. 이미 혼날 만한 잘못을 한 거라면 정해놓은 규칙대로 타임아웃을 실행하세요.

(2-2) 화내고 툴툴거리며 벌서려고 할 때

벌서자고 했을 때, 아이가 고분고분하게 타임아웃 장소로 가면 좋지만, 타임아웃 장소로 가면서도 툴툴거리거나 흥분해서 소리 지르고 버릇없이 굴 수도 있습니다. 이렇게 아이의 감정이 흥분 상태인 것은 당연하지요. 추스르기 어려운 감정을 가라앉힐 수 있게 돕는 것도 타임아웃의 중요한 목표이기 때문에, 아이가 타임아웃에 동의한다면 아이의 태도에 대해서는 문제 삼지 않아도 괜찮습니다.

(3) 저항할 땐 강제력 사용하기

"우리 아이는 하도 난리를 쳐서 도무지 벌을 세울 수가 없어요." 하는 부모님들이 계시는데, 사실 타임아웃은 부모의 훈육을 도무지 받아들이려 하지 않는 아이를 위해 필요한 것입니다. 순순히 벌서는 아이들은 평상시 타임아웃이 거의 필요 없는 경우가 많지요.

벌서기를 거부하는 아이에게는 강제력도 필요합니다. 아이가 자신의 몸을 다치게 하지 않도록 아이를 감싸 안으세요. 먼저 엄마(아빠)가 양반다리로 앉아서 두 다리 사이에 아이의 발을 넣습니다. 그리고 아이를 차렷 자세로 세운 뒤, 아이의 팔을 감싸 안으세요. 이때 아이와 마주 보는 자세를 취하지 마시고, 아이가 엄마(아빠) 앞쪽을 바라보게 하세요. 잘못하면 흥분한 아이가 엄마(아빠)의 머리를 박을 수도 있으니까요. 아이의 흥분이 가라앉을 때까지는 이 자세를 유지합니다. 처음 타임아웃을 할 때는 흥분이 가라앉기까지 30분에서 1시간 정도 걸릴 수도 있습니다. 그러나 '아, 내 흥분이 가라앉아야 엄마(아빠)가 놓아주는구나.'라는 걸 아이가 깨닫게 되면, 그 후 1~2번의 타임아웃만으로도 실랑이 벌이는 시간이 확연히 짧아집니다.

(4) 체념시키기

강제로 벌세우는 경우, 아이가 처음엔 발버둥치고 화나서 울기도 하겠지만 시간이 좀 흐르다 보면, '내가 화낸다고 엄마(아빠)가 놓아주는 건 아니구나.'라는 걸 깨닫고, '체념의 울음 상태'로 바뀝니다. 이렇게 강제로 벌세우는 시간은 아이를 혼내고 훈육하는 시간이 아니므로, 아이에게 잘잘못을 따지면 절대 안 됩니다. 단지 "네가 혼자 서 있을 수 있어야 벌이 빨리 끝난다."라고만 차분히 이야기해주세요.

(5) 질문하기

아이가 좀 잠잠해지고 타임아웃을 받아들이면, 아이에게 "혼자 서(앉아) 있을 수 있니?" 하고 확인하는 질문을 해보세요. 만약 그러겠다고 하면, 아이 혼자 타임아웃을 하도록 합니다. 정해진 장소에 그냥 서(앉아) 있도록 하는 것이죠.

(6) 혼자 벌서기

아이가 혼자 벌서는 동안 흥분된 감정을 다 가라앉혔는지 확인하면 됩니다. 아이가 소리 지르거나 울지 않고 잠잠해진 뒤, 몇 분 정도 지나면 흥분이 모두 가라앉은 걸 확인할 수 있을 겁니다. 이 시간 동안에는 "네가 뭘 잘했다고 자꾸 울고 그래. 조용히 못 해?" 등의 흥분시킬 만한 이야기는 금물입니다. "조용해져야 빨리 끝날 거야." 등 상황을 알려주는 정도의 이야기만으로도 충분합니다.

(7) 감정 읽어주기

아이의 감정이 차분히 가라앉고 조용해진 뒤 1~2분 지나면 벌선 상태로 대화를 시작하세요. 훈육 메시지를 잘 전하기 위해서는, 우선 아이의 마음이 편안한 상태여야 하고, 부모에게 마음이 열려있어야 합니다.

-아이의 입장 알아주기-

잘못된 행동을 하게 된 아이의 입장을 잘 알아주세요. 아이가 혼날 일을 한 데에는, 아이 나름의 합당한 이유가 있을 겁니다. 그 이유에 대해서 "그럴 수 있었겠다."고 말씀해주세요. 예를 들어 "아까 동생이 얄밉게 굴어서 너무 화났구나. 진짜 화났겠다."라고 화난 감정에 대해서 잘 인정해주셔야 해요. "그게 어디 화날 일이니? 형이 되어서 그렇게 속 좁게 굴면 되겠어?"라고 하면 안 됩니다. 감정이라는 것은 우리가 의식과 노력으로 조절하기 어려운 본능 같은 것입니다. "그런 감정을 느껴서는 안 되는 거야."라고 하지 마세요. 아이가 잘못한 것은 '때린 행동'이지 '화난 감정'이 아닙니다. 화난 감정을 때리는 행동으로 푸는 것이 아니라, 자기의 입장과 감정을 상대방에게 잘 이해시킬 수 있게 소통 능력과 중재 및 문제 해결 능력을 키우도록 도와주기만 하면 됩니다.

-벌서는 동안에 겪은 감정 알아주기-

아이의 입장을 인정해 준 뒤에는 벌서는 아이의 입장과 마음도 잘 보듬어주어야 합니다. 벌서는 동안에 부모가 무섭거나 미웠을 것이고, 벌서느라 힘들고, 자기를 속상하게 만든 동생은 안 혼나는데 자기만 벌선다는 게 억울할 수도 있습니다. 이러한 이유 때문에 아이가 속상했던 것에 대해 "네 입장에서는 그럴 수 있었겠다."고 인정해주세요. 이것이 진정한 위로입니다. "엄마가 너를 미워해서 그런 게 아니고, 다 너 잘되라고 한 거야."라는 식의 이야기는 위로가 될 수 없습니다.

(8) 훈육 메시지 전하기

마음을 알아주는 것도 중요하지만, 결국은 '훈계'가 필요하겠죠. 훈육 메시지는 절대로 길어서는 안 됩니다. 10단어 이내로만 하세요. 10단어 이내로 하려면 "앞으로 ~하지 마라." 혹은 "앞으로 ~해라." 정도로만 이야기해야 합니다. "네가 그렇게 했기 때문에 엄마는 얼마나 속상했고, 그것 때문에 우리가 서로 힘들고 사이 나빠지고." 등의 긴 이야기는 이야기의 초점만 흐릴 뿐입니다.

(9) 대답 확인하기

"앞으로 동생 때리는 건 하지 말자."라는 이야기를 했다면, 아이가 "네." 하고 수긍하는 대답을 하는지 반드시 확인해야 합니다. 훈육은 아이가 부모의 원칙을 받아들이도록 하는 것이 목적입니다. 기껏 타임아웃을 하고 나서 훈육 메시지를 전했는데, 아이가 부모와 눈도 마주치지 않고 말도 안 하고 삐쳐 있다면 제대로 된 훈육이 아니죠. 부모의 훈육 메시지에 수긍하는 대답을 하는지 확인한 뒤에 타임아웃을 끝내세요.

혹시라도 아이가 반항적인 태도로 "몰라!", "흥!" 한다면 타임아웃을 끝내서는 안 됩니다. 그럴 때는 다시 (6)번으로 되돌아가서 조금 더 타임아웃을 하세요. 그렇게 (6)-(7)-(8)의 과정을 다시 반복한 뒤에 "네."라는 대답을 확인하고서 타임아웃을 마무리해야 합니다. 아이가 부모의 훈육 메시지를 잘 받아들일 수 있는 부드러운 마음 상태가 되려면, (7)번의 '감정 읽어주기(아이 마음 알아주고 다독여주기)' 과정이 무엇보다 중요합니다. 이 부분에 시간과 공을 충분히 들였을 때 아이가 마음을 열고 부모의 이야기에 고개를 끄덕일 것입니다.

Doctor's Q&A

Q 나쁜 행동을 할 땐 무관심한 게 좋다고 해서 그렇게 했지만 별 효과가 없네요. 어떨 때 무관심하게 대응해야 하는지 궁금합니다.

어른의 주의를 끌기 위한 목적으로 안 좋은 행동을 하는 경우에, 어른들이 계속 야단치는 것 자체가 아이에겐 '관심받는 목적을 이루는 것'이 될 때가 있습니다. 그럴 때는 모르는 척 무관심하게 대처하면, 어른들의 관심을 끌지 못한다는 사실에, 아이도 흥미를 잃고 그 행동을 안 하게 되기도 합니다. 하지만 무관심으로 대처하면 안 되는 경우도 있죠. 다른 사람을 때리거나 물건을 집어던지는 등 폭력적인 행동을 하는 경우, 침을 뱉거나 공공장소에서 마구 돌아다니면서 시끄럽게 떠드는 등 다른 사람에게 폐를 끼치고 예의에 많이 어긋나는 행동을 하는 경우엔 무관심한 대응이 아닌 훈육이 필요합니다.

Q 아이를 훈육할 땐 사람들이 보이지 않는 곳에서 해야 한다고 들었는데, 그렇게 하기 힘들거나 아이 마음을 먼저 읽어주고 훈육하기 힘든 상황도 있어서, 어떻게 해야 할지 모르겠어요.

아이 감정을 먼저 읽어주고 훈육하는 것이 더 좋긴 하지만, 그렇게 하면 안 되는 경우도 있습니다. 내 아이가 다른 집 아이에게 화나서 때리고 할퀸 경우 감정을 알아주는 것도 좋지만, 폭력을 사용했다면 일단 아이를 혼내는 것이 우선입니다. 물론 내 아이가 아무 이유 없이 폭력을 사용하진 않았겠죠. 그 아이가 내 아이를 못살게 굴고 자극했을 수도 있고요. 그러나 폭력을 사용한 것은 어찌 되었든 잘못된 일이니 그 자리에서 혼낼 수밖에 없지요. 내 아이 입장에서는 억울하고 화나는 일이 될 수 있고, 다른 사람 앞에서 내 편을 들어주지 않는 엄마에게 서운할 수도 있겠죠. 하지만 내 아이의 입장과 감정 알아주기는 그 자리를 떠난 뒤, 나중에 아이와 단둘이 있을 때 해도 괜찮습니다. 상황이 가능하다면 감정을 먼저 알아주고 훈육하는 것이 옳겠지만, 때에 따라서는 감정 알아주기를 미루더라도 가능하면 훈육은 미루지 마세요.

Q 제가 성격이 급해서 평소 닦달하는 편인데, 아이는 너무 굼뜨게 행동하네요. 무슨 문제가 있는 걸까요?

'수동공격성'이라는 용어가 있지요. 엄마에게 직접 화내고 반항하는 것이 '직접적인 공격성'인데요. 직접적으로 공격성을 표현하는 것은 그나마 '내가 이렇게라도 화내면 엄마가 내 말을 들어줄지도 몰라.'라는 희망이 있기 때문이죠. 만일 '내가 화내봤자 엄마에게 더 혼나기만 하겠지.'라고 느껴지는 상황이라면 아이들은 '태업'을 통해 엄마를 화나게 할 수 있는데, 이것이 수동공격적인 표현입니다. 아이를 더 심하게 몰아붙일수록 아이는 점점 더 느리게 행동하고 엄마를 답답하고 화나게 만들 수 있습니다.

Q 말대꾸 때문에 야단도 치고, 최대한 부드럽게 이야기를 많이 해서 타일러도 보지만, 말대꾸하는 버릇이 나아지질 않아서 고민입니다.

훈육할 때 꼭 지켜야 할 원칙 2가지는 엄격함과 따뜻함입니다. (1)엄격하게 혼낸다는 것은 무섭게 혼낸다는 것이 아닙니다. 잘못한 일에 대해서 반드시 책임지게 하는 것이죠. 아이의 잘못에 대해서는 확실히 지적해야 합니다. (2)따뜻하게 대한다는 것은 아이 뜻을 다 받아주거나 속상하지 않게 하라는 것이 아닙니다. 아이의 잘못된 행동에 대해서는 혼내고 벌을 줄 수도 있지만, 그런 행동을 할 만큼 속상하고 화났던 마음에 대해서는 '그런 이유로 화날 수도 있었겠다.' 하는 것을 알아주는 것이 따뜻한 훈육입니다. 말투 자체는 부드럽더라도 "그런 일은 화날 일이 아니야."라고 말하는 것은 아이의 감정을 추스르게 하는 데 전혀 도움 되지 않습니다. '내 감정은 표현해봐야 엄마가 이해하지 못하는구나.' 하고 느끼게 될 뿐이죠. 말대꾸하는 아이에게 가르쳐야 하는 것은 '이런 감정은 아예 표현하지 말자.'가 아닙니다. '내가 서운한 것이 있고 화난 것이 있으면 거칠게 표현하지 말고 부드럽게 표현해야 이해받는구나.'를 엄마와의 경험을 통해 익혀나가야 합니다. 특히 평소 혼날 행동을 유난히 많이 하는 아이라면, '나만 맨날 혼난다.'는 억울한 감정이 많아서 말대꾸를 더 자주 하게 될 수 있죠. 일관되게 '엄격한 훈육'을 하는 것을 피할 수는 없겠지만, '따뜻한 훈육'을 할 수 있도록 신경 쓰셔야 합니다. 억울한 감정이 쌓이지 않도록 "네 입장에선 그럴 수 있었겠다."고 수시로 알아주고 위로해주어야 해요. 아이의 말대꾸에 대해서 부모의 입장만을 이야기해서 말싸움이 되는 것을 예방해야 합니다.

양보와 배려는 어떻게 가르치나요?

아이가 친척이나 친구 또는 동생과 어울리는 상황에서 많은 부모들이 자기 아이에게 양보를 강요하곤 합니다. "네가 이러면 동생 기분이 어떻겠니?", "친구랑 싸우면 엄마 기분이 좋을까? 나쁠까?", "이렇게 하면 친구들이 너를 자기 마음대로만 한다고 생각하고 싫어할 거야." 등의 말로 다른 사람의 입장에 대해서만 설명하게 되지요. 아무리 합리적이고 논리적인 설명이라 하더라도 이러한 말들은 아이에게 '네 감정은 중요하지 않아. 다른 사람의 감정이 중요한 거야.'라는 잘못된 메시지를 줄 수 있습니다.

'내 맘대로 하고 싶은 욕구, 내가 이기고 싶은 욕구'는 3~6세 나이에서 아주 자연스럽고 당연한 욕구입니다. 이 욕구를 억지로 참고 어릴 때부터 동생이나 친구 등 다른 사람을 무조건 배려하도록 훈련되어진 아이들은 '내 마음은 억울하지만 억지로 하는 배려'에 길들여지게 될 수 있어요. 예전에 비해 외동으로 자라는 아이들이 많기 때문에, '우리 아이가 이기적인 아이로 자라면 안 되는데.' 하는 걱정을 많이 합니다. 그런 걱정 때문에 아이다운 욕구마저 충족시켜 주지 않는 부모가 있죠. 하지만 이런 양육 태도가 오히려 더 배려심 없는 아이를 키워낼 수 있다는 것이 참 아이러니합니다. '억울하지만, 내 욕구를 만족시키면 혼날까 봐 억지로 하는 배려'는 가짜 배려이지요. 진짜 배려는, '내가 하고 싶은 걸 하면 마음이 흡족하니까, 다른 사람들도 원하는 걸 하게 하면 참 좋아하겠다.'

고 생각하고 흐뭇한 마음으로 하는 배려가 진짜 배려입니다. 이런 진짜 배려를 하려면, 부모가 내 욕구를 충족시켜 주고 인정해주었던 경험이 풍부해야 합니다. 물론 아이가 원하는 것을 모두 충족시켜 줄 수는 없지만, 적어도 '내 맘대로 하고 싶은 욕구'가 옳지 않은 것이라고 비난 받지 않아야 하고, '그렇게 하지 못해서 속상하겠다.' 하고 아이의 감정을 읽어줘야 합니다.

내 맘대로 하고 싶은 욕구는 이렇게 채워주세요

'내 맘대로 하고 싶은 욕구'를 충족시켜 주고 인정해주는 방법은 상황에 따라서 조금씩 달라져야 합니다.

(1) 일상생활에서는 '내 맘대로 하고 싶은 욕구'가 좌절될 수밖에 없어요. 집에서는 엄마가 시키는 대로, 유치원에서는 선생님이 시키는 대로 해야 하죠. 평소 생활에서 자기 맘대로 지내보라고 하면, 위험하거나 버릇없는 행동까지 하게 될 수도 있으니까요. 이럴 땐 아이의 욕구를 만족시켜 주지는 못하더라도, '맘대로 하고 싶었지만 그렇게 못해서 속상하겠구나.'라고 인정해주는 것이 중요해요. '맘대로 하고 싶어도 그렇게 행동하면 안 된다.'라는 건 옳은 이야기지만, '맘대로 하고 싶다는 생각 자체가 틀린 것이다.'라고 말하진 않아야 합니다.

(2) 부모와의 놀이 시간에는 '내 맘대로 하고 싶은 욕구'를 마음껏 충족시켜 주세요. 평소에, '질 줄도 알아야 한다, 정정당당해야 한다.'는 것을 가르쳐야 한다면서, 아이에게 놀이의 규칙을 강요하는 부모가 있습니다. 하지만 3~6세 아이들은 아직 규칙을 지키는 게임이 가능한 나이

가 아니에요. 아이들도, 일상생활에서 부모의 훈육이나 친구들과의 놀이 등을 통해 '어차피 내 맘대로만 될 수 있는 것은 아니구나.'라는 걸 몸으로 겪고 있습니다. 그러니 부모와의 놀이 시간 만큼은 '내 맘대로 할 수 있는 시간'으로 만들어주세요. 아이에게 일부러 져주기도 하고, 아이의 반칙을 그냥 눈감아 줘도 됩니다.

(3) 형제자매, 친구와의 상황에서는 가능하면 자기들끼리 해결하도록 내버려두세요. 외동아이로 자라는 것보다 형제자매가 많은 가운데 자라는 것이 더 좋다고 생각하는 이유는, 서로 부대끼며 여러 가지 상황을 겪는 것이 사회성 발달에 도움 될 거라고 믿기 때문이죠. 자기들끼리 갈등이 생기는 과정을 경험하면서, 큰아이는 동생을 설득하고 달래면서 부모에게 혼나지 않는 방법을 터득해야 하고, 동생은 자기보다 힘이 센 형제자매와의 사이에서 눈치껏 행동하는 방법을 배워야 합니다. 물론, 갈등 상황에서 폭력이 발생한다면 폭력 자체에 대해서는 훈육이 필요하겠지만, 폭력 없는 갈등은 내버려두는 것도 필요해요. 갈등이 생기면 놀이를 잠시 중단시키는 등의 작은 패널티 정도로도 충분합니다.

Doctor's Q&A

Q 아이가 몇 살 때부터 '양보'의 개념을 이해하기 시작하는지 궁금합니다. 무조건 '내 거야'라며 우길 땐 어떻게 대처해야 하나요?

취학 전 아이들에게 진정한 '양보'를 가르치기란 어렵습니다. 다른 사람의 욕구보다는 내 욕구가 우선인 나이니까요. 내 욕구가 충족된 상태에서 다른 사람의 욕구가 조금 눈에 보일 정도입니다. 이 나이의 아이들에게 필요한 훈련은, '다른 사람이 속상할 수도 있으니 그 사람을 배려하는 것'이 아니라, '내가 원하더라도 어쩔 수 없이 포기해야 할 때가 있다는 것' 정도라고 생각하고 대처하세요.

Q 뭐든지 이겨야 직성이 풀리는 아이예요. 지면 울고불고 난리가 납니다. 아이를 혼내야 할까요, 달래야 할까요?

평소에 놀이할 때, 승패가 갈리는 놀이보다는 승부가 정해져 있지 않은 역할놀이를 하는 것이 더 좋겠네요. 이런 아이가 아니더라도 3~6세 아이들은 인지발달상 승부, 승패를 가르는 규칙 놀이, 게임 경기를 하지 않는 게 좋습니다. 규칙 지키는 게임은 7세 이상이 되어야 가능하지요. 평소에 뭐든지 이겨야 하고, 지는 것을 못 참는 아이는 역할놀이에서도 '자기 맘대로 하는 무소불위의 권력자'가 등장해서 자기 멋대로 하는 놀이를 하는 경우가 많습니다. 유치원 놀이를 하더라도 자기가 선생님 역할을 하면서 학생 역할을 하는 엄마를 골리고, 전쟁놀이를 하면 자기 편에만 무기가 많고 엄마 편에는 무기가 하나도 없는 설정을 하죠. '이게 뭐야, 너무 불공평해. 이럴 거면 엄마는 재미없어서 안 놀래.' 하면서 공정하게 놀이하자고 요구하지 말고, 아이가 주도하는 대로 따라가세요. 역할놀이 속에서 '내 맘대로 하고 싶은 욕구'가 배불리 충족될 수 있게 해주세요.

Q 장난감에 욕심 부리는 건 이해하겠는데, 어른들 물건까지 자기 꺼라고 고집 부리는 아이를 이해하기 어렵네요. 무슨 문제가 있는 걸까요?

어떤 특정한 이유 때문이라고 말할 수 있는 단순한 문제는 아닙니다. 하지만 이렇게 자기와 관계없는 것에 대해서까지 떼쓰는 아이라면, '포기하는 법'을 먼저 가르쳐야 할 것 같네요. 아무리 고집부려도 뜻대로 안 되는 일이 있다는 것을 반복된 경험을 통해 학습시켜야 합니다. 아이가 고집부리며 울고 매달린다고 해서 어쩔 줄 몰라 하거나 당황하지 말아야 합니다. 이유 모를 고집으로 어른들의 일을 좌지우지하지 못하게 아이를 데리고 그 자리를 떠나세요. 고집을 꺾기 위해 무섭게 혼내거나, 흥분한 아이를 앞에 두고 조목조목 따지듯 설명할 필요는 없습니다. 중요한 것은 고집을 받아주거나 인정해주지 않는 부모의 단호한 태도와 행동입니다.

말이 늦으면 어떻게 할까요?

언어발달이 느린 아이들이 있습니다. '남자아이라 좀 늦나?' 싶기도 하고, 특히 11~12월생 아이들은 같은 해 태어난 1~2월생 아이들에 비해 말을 유창하게 하지 못하는 경우가 있어 부모님을 걱정시키기도 하죠. '그러다가 갑자기 말문이 확 트일 거다.' 하는 주변 사람들 이야기를 들으면 안심이 되다가도, 중요한 언어발달 시기를 놓치면 어쩌나 하는 걱정이 듭니다. 이럴 때 전문가의 평가를 받아야 할지 고민이 된다면, 다음 두 가지 사항을 고려해보세요. (1)수개월 정도의 발달은 얼마든지 앞서거니 뒤서거니 할 수 있지만, 1년 이상의 차이는 나중에 따라잡기 어려울 수도 있습니다. 또래보다 1년 이상 말이 늦다고 판단될 때는 아이의 상태를 정확히 파악할 필요가 있죠. (2)어린이집이나 유치원 선생님들은 같은 나이 또래의 아이들을 매년 접하는 분들입니다. 그분들 눈에 느껴지는 차이가 있다면 한 번쯤 면밀히 짚고 넘어가는 것이 좋습니다.

아이가 말이 늦어 치료기관을 다니게 되면, "아이들에게 이렇게 언어 자극을 주세요."라는 코치를 받습니다. 그럴 때 부모들은 '내가 이런 언어 자극을 주지 못해서 아이가 이렇게 되었나?'라는 잘못된 이해로 자책하는 경우를 볼 수 있는데요. 사실 언어발달 지연의 정확한 원인은 '아무도 정확히 알 수 없다.'가 정답입니다. 언어발달 지연은 단순히 한 가지 원인만으로 생기는 것이 아니라, 유전적, 신경학적, 심리적, 환경적 요인이 복합적으로 작용하면서 생겨난 결과이기 때문이죠. 유전적, 신경학적 원인 그 자체는 교정할 방법이 없습니다. 그래서 아이의 언어발달을 촉진시키기 위한 유일한 방법은 좋은 언어 환경과 자극이며, 부모의 역할이 강조됩니다. 언어치료를 받게 되더라도 대개 일주일에 2회 내외이기 때문에, 그 외의 시간에는 아이가 항상 접하는 가정환경, 특히 아이와 매일 많은 시간을 함께하는 부모의 언어 자극이 중요하지요. 부모가 심리적으로 안정되어 있지 못하면, 아이의 발달을 촉진시키기 위한 기나긴 시간을 견뎌내기 어렵습니다. 그러니 '내가 아이에게 가장 중요한 언어 환경이자 코치'라는 것을 잊지 마시고, 나날이 향상하는 아이의 발달 과정을 기쁘게 응원해주세요.

내 아이의 언어발달이 다른 아이들보다 더디지 않도록 도와주기 위해서는 발음이 더 정확해지고, 어휘력이 풍부해지며, 조리 있게 말할 수 있도록 좋은 언어습득 환경을 마련해주는 것이 좋지요. 우리가 외국어를 익힐 때의 상황을 생각해보면, 아이에게 어떤 언어 환경을 만들어주어야 하는지 금방 이해할 수 있습니다.

(1) 소통하고 싶은 욕구가 많아져야 합니다

언어는 소통을 위한 수단입니다. 상대방과 소통하고 싶은 욕구가 많을수록, 손짓 발짓부터 시작해서 언어도 급속도로 발달하죠. 아이는 평소에 부모와 많은 시간을 보내므로, 부모와 소통하고 싶은 욕구가 많아져야 말도 늡니다. 혼자서 노는 것에 익숙한 아이들은 소통 욕구가 적어서 언어 사용에 대한 필요성을 덜 느낄 수밖에 없습니다. 부모와 상호작용하면서 소통 욕구가 늘어날 수 있게 도와주세요.

(2) '읽기', '쓰기'보다는 '듣기', '말하기'부터 훈련해야 합니다

아이의 언어발달을 위해서 어릴 때부터 동화책을 많이 읽어주는 부모님들이 있는데요. 소통을 목적으로 한다면, 책을 읽어주는 것보다 수다스럽게 놀아주는 것이 더 좋습니다.

(3) 아이가 관심 있고, 말하고 싶은 주제로 소통해야 합니다

좋아하는 미국 드라마를 보면서 영어가 트이고, 일본 애니메이션을 보다가 일본어 공부가 쉬워졌다는 이야기를 많이 들어보셨을 겁니다. 엄마 입장에서 아이에게 가르치고 싶은 단어를 백 번 말해주는 것보다, 아이가 지금 당장 필요로 하는 말을 열 번 들려주는 것이 더 효과적입니다. 아이와 놀이하고 대화할 때, '엄마가 하고 싶은 말'보다는 '지금 아이가 관심 있어 하는 주제, 지금 아이가 하고 싶어 하는 말'을 이야기해주세요. 그러면 아이는 '맞아. 내 마음을 그렇게 표현하면 되는 거구나!' 하면서 배우게 됩니다.

(4) 쉬운 것에서 어려운 것 순으로 단계를 서서히 밟아갑니다

말이 트이지 않은 아이와 소통할 때는 '자동차'를 배우더라도, 처음에는 바퀴 달린 것들은 모두 '빠방'으로 배우고, 그다음에 '자동차'라는 말을 알게 된 뒤에, '버스', '트럭', '택시'를 배우는 식으로 단계를 밟아나가야 합니다. 말이 트일 때엔 한 단어 수준의 대화를, 한 단어 수준의 대화가 가능한 아이와 소통할 때는 두세 단어 수준의 대화를 하면서 조금씩 배워나가게 합니다.

Doctor's Q&A

Q 말이 늦는 아이는 꼭 언어 치료를 받아야 하나요?

또래보다 1년 이상 언어발달이 느리다면 전문가의 평가를 받아보길 권합니다. 부모님들은 '말이 늦다'는 식으로만 느끼겠지만, 그 원인은 여러 가지입니다. 소통의 욕구가 없는 경우, 전반적인 지능의 발달이 지연된 경우, 발음이 부정확한 경우, 어휘력이 부족하거나 문장 구성 능력이 떨어지는 경우 등의 이유가 있고, 청력의 문제나 구강 구조의 문제가 있기도 합니다. 원인에 따라서 도움받는 방법도 달라져야 합니다.

Q 운동성이 떨어지는 아이는 아무리 말을 많이 가르쳐도 말이 트이는 속도가 늦나요?

'언어만 느린 아이'에 비해서, '지능발달이 전반적으로 느린 아이'는 언어 치료를 하더라도 발달 속도가 더딜 수밖에 없습니다. 영유아 시기에는 정확한 지능지수 산출이 어렵기 때문에, 대근육 및 소근육 운동발달 수준과 언어발달 수준 등을 통해서 인지 기능을 짐작하게 됩니다. '운동 신경이 부족한 아이'가 인지 기능이 부족하다고 볼 수는 없지만, '걸음마를 시작한 시기'가 생후 15~16개월 이후였던 아이가 언어발달 수준도 느릴 경우에는 발달 평가와 언어 평가를 받아보는 것이 좋습니다.

Q 말이 너무 느린데 어린이집에 보내도 좋을지 고민입니다. 말이 느는 데 도움될 것 같으면서도 힘들어할까 봐 걱정도 되고요.

어린이집에 보내는 것이 좋을지 고민하실 정도로 아이의 언어발달이 느리다면 일단 전문가와 상의하는 게 순서일 것 같네요. 소통의 욕구가 적거나 인지발달이 부족한 경우라면 치료가 병행된 뒤에, 아이에게 적합한 보육시설을 알아봐야 하겠지요. 언어 지연이 심하지 않고, 비언어적인 의사소통이 원활한 아이라면 일반 어린이집에 보내도 괜찮습니다.

Q 말이 늦는 아이에겐 큰 규모의 어린이집보다 작은 규모의 어린이집에 보내는 게 더 좋을까요?

언어발달이 늦는 아이라면, 질 좋은 언어 자극을 받는 것이 필요합니다. 어린이집의 규모보다는, 아이를 돌봐줄 수 있는 교사의 수가 많은 쪽을 택하는 것이 좋고요. 커리큘럼에 아이들의 참여와 놀이 프로그램이 많은 기관을 선택하는 것이 더 좋습니다.

Q 말이 많이 늦는데, 성격까지 너무 조용하고 소심해서 걱정입니다. 이런 아이에겐 말을 어떻게 가르쳐야 하나요?

아이들은 외부를 탐색하면서 인지 기능이 발달하고 새로운 것을 받아들이게 됩니다. 마음이 편안하면 외부 세계에 대한 호기심이 늘지만, 마음이 불안하거나 낯가림이 심하면 엄마에게서 떨어지지 않으려 하고, 새로운 자극을 회피하지요. 새로운 어휘를 많이 배워야 하는 '언어발달이 늦는 아이'일수록 다른 아이들보다 정서적 안정이 더 많이 필요합니다. 말을 빨리 가르치려는 욕심에 앞서서, 아이의 마음을 편안하게 만들어주세요.

Q 말이 안 통하니까 답답한지 울음떼도 심하고 공격적인 행동도 합니다. 야단치자니 안쓰럽고 그냥 두자니 점점 심해질 것 같고, 어찌 해야 할까요?

말이 잘 안 통하면 답답하긴 하겠지만, 답답하다고 해서 공격적인 행동을 용납할 수는 없지요. 아이의 답답한 마음을 공감해주고 마음을 읽어주면서도 공격적인 행동에 대해서는 엄격하게 훈육해야 합니다. 다만 아이가 답답해할 정도로 '하고 싶은 말'과 '할 수 있는 말' 사이의 간극이 크다면 언어 치료가 필요한 수준은 아닌지 전문가와 상의하는 것이 좋습니다.

Q 말을 잘 못하니까 자꾸 게임에 빠져드네요. 같이 놀자고 해도 게임하겠다고 고집부립니다. 이러다 게임에 중독되면 어떡하죠?

언어발달이 잘 이루어지려면, '의사소통의 욕구', '사람과 함께하는 즐거움'이 있어야 합니다. 게임에 빠져들수록, 다른 사람과 소통하는 즐거움에서 멀어지기 때문에 언어발달에 악영향을 줍니다. 취학 전 아이들의 게임 문제는 부모의 의지만으로도 충분히 통제 가능합니다. 말이 필요 없는 '몸 놀이'를 통해서라도 사람과 함께 노는 즐거움에 익숙해지도록 꾸준히 도와주세요. 그러다 보면 '말을 주고받고 싶은 욕구'도 저절로 늘어나게 됩니다.

연령에 따른 발음의 발달

대화할 때 서로 잘 알아듣기 위해서는 모음 발음보다는 자음 발음이 더 중요합니다. 자음 발음은 아이가 자라면서 서서히 완성되어 가는데, 'ㅁ, ㅂ, ㄷ' 발음은 3세에, 4세에는 'ㅎ, ㅇ', 5세에는 'ㅈ, ㅊ', 6세에는 'ㅅ, ㄹ' 발음이 완성되어야 합니다. 하지만 언어전문가가 아닌 부모들이 아이의 자음 발달 여부를 확실히 따져보기란 쉬운 일이 아니죠. 이럴 때는 또래 아이들과 비교하는 것이 가장 좋은 방법입니다. 어린이집이나 유치원 선생님에게 물어보거나, 아이가 같은 반 아이들과 대화하는 것을 살펴보면서 상대적으로 비교해보세요. 부모는 알아들을 수 있는 말이더라도, 또래와 차이가 난다면 치료 필요성을 확인하기 위해서 조음 평가를 받아보는 것이 좋습니다.

엄마는 답답해

초판 1쇄 발행 2013년 10월 28일
개정판 1쇄 발행 2019년 7월 5일

지은이 신원철 이종희
그린이 이혜진
펴낸이 이범상
펴낸곳 (주)비전비엔피 · 애플북스

기획 편집 이경원 심은정 유지현 김승희 조은아
디자인 김은주 이상재
마케팅 한상철 이성호 최은석
전자책 김성화 김희정 이병준
관리 이다정

주소 우)04034 서울시 마포구 잔다리로7길 12 (서교동)
전화 02)338-2411 | **팩스** 02)338-2413
홈페이지 www.visionbp.co.kr
인스타그램 www.instagram.com/visioncorea
포스트 post.naver.com/visioncorea
이메일 visioncorea@naver.com
원고투고 editor@visionbp.co.kr

등록번호 제313-2007-000012호

ISBN 979-11-90147-03-3 13590

· 값은 뒤표지에 있습니다.
· 잘못된 책은 구입하신 서점에서 바꿔드립니다.

이 도서의 국립중앙도서관 출판시도서목록(CIP)은 서지정보유통지원시스템 홈페이지(http://seoji.nl.go.kr)와 국가자료공동목록시스템(http://www.nl.go.kr/kolisnet)에서 이용하실 수 있습니다.(CIP제어번호: CIP2019023200)